MATEMATICA PER PRINCIPIANTI

Gordon J. Bright

INDICE

INTRODUZIONE

Ognuno di noi, durante il suo percorso di studi, di qualsiasi ordine e grado, si è trovato ad affrontare la **matematica**. Siamo di fronte al più classico esempio di "*odi et amo*".

Questa disciplina divide più di qualsiasi altra, poiché appare difficile limitarsi a tollerarla senza amarla e se non la si ama è molto più probabile che la si odi. Mi sono chiesto, allora, da dove provenga questo timore reverenziale che spesso sfocia in disprezzo nei confronti della matematica.
La risposta che mi sono dato è che si tratta di semplice incomprensione. Risulta difficile, infatti, apprezzare qualcosa che non si capisce. Immagina se fossi costretto a guardare le tue serie tv preferite in una lingua a te sconosciuta.
Probabilmente, le immagini ti trasmetterebbero una piccola parte del significato, ma perderesti tutto il senso dei dialoghi e ti annoieresti molto presto, finendo per abbandonare la visione.

È esattamente quello che accade con la matematica. Tendiamo a dimenticare, infatti, che la matematica è una vera e propria lingua: la mia professoressa di Analisi Matematica I, tra il serio e il faceto, la definiva "**matematichese**".

Se non si impara prima la grammatica, il lessico e la sintassi di tale lingua, si finisce spaesati, si rimane passivi e inermi davanti ad una lingua che più viene parlata in maniera complessa e più si infrange contro di noi come uno schiaffo in pieno volto.

Per questo motivo, in questo testo, mi propongo come obiettivo quello di aiutarti a comprendere meglio il linguaggio matematico, partendo dalle basi di questa disciplina e accompagnandoti in un percorso di trenta giorni, volto a rinfrescare o illustrare ex novo i fondamenti della matematica.
Nonostante la necessità di insegarti il "**matematichese**", proverò ad essere quanto più familiare possibile nel linguaggio. Indosserò i panni di uno studente che prova a trasferire ad un altro studente ciò che ha appreso, senza la presunzione di salire in cattedra e spiegare in maniera fredda e pedante.

Proverò ad essere rigoroso, ma accessibile, perché il mio scopo sarà farti comprendere quanto possa essere utile questa disciplina, non soltanto per chi intende continuarne il suo studio, ma anche come palestra logica per la mente di qualsiasi persona.

Non ci resta che iniziare questo percorso matematico.

In bocca al lupo!

1. COME NON AVER PAURA DELLA MATEMATICA

1.1. Perché abbiamo bisogno della matematica

Il primo passo da compiere, prima ancora di cominciare con formule e numeri, è comprendere il senso e l'utilità di ciò che stiamo studiando.

A cosa serve la matematica?
Hai davvero bisogno di impararla?

Osservati intorno, tutto ciò che ti circonda è così perché ha alle spalle una fisica che lo rende tale. L'unico modo che abbiamo per interagire con la fisica che ci circonda è creare **modelli matematici** in grado di descriverla.

La matematica, in pratica, si rivela essere la lingua con la quale sono scritte le leggi dell'universo.

Questo libro che stai stringendo tra le mani pesa perché esiste la forza di gravità che tenderebbe a farlo cadere al suolo.
Il nostro modo di parlare di quella forza è quello di descriverlo con una legge matematica, nel caso più semplice con la seguente equazione:

$$\vec{F} = m\vec{g}$$

Questa semplicissima formulazione è in grado di comunicarci, in maniera accessibile, che quanto più pesa il libro che tieni in mano, tanto più grande sarà la forza con la quale si infrangerà al suolo.

Grazie alla matematica abbiamo avuto la possibilità di descrivere un evento che osserviamo quotidianamente, grazie alla matematica basta sostituire il numero che si vuole a quella massa "m" e moltiplicandola per l'accelerazione di gravità "g" potrò sapere esattamente quanto vale il modulo della forza "F".

Non ti sembra qualcosa di estremamente potente?

Se non fosse abbastanza affascinante il fatto che la matematica sia il lessico della natura e dell'universo, potresti pensare a quanto spesso usi la matematica nella tua quotidianità.

Il capo di abbigliamento che hai visto in vetrina è scontato del 20% e per capire quanto risparmierai rispetto al prezzo originale farai, senza neanche accorgertene, una proporzione.

Alla base dell'informatica e dunque dei software che utilizzi quotidianamente c'è l'**algebra di Boole**, anzi tutto il processo di sviluppo tecnologico è fortemente legato alle capacità di interpretare e creare nuovi modelli matematici.

Un modello, infatti, non è altro che una descrizione semplificata della realtà, che ci consente di rappresentare un fenomeno complesso, nel quale intervengono svariate variabili, con semplici leggi matematiche.

Ogni qualvolta l'uomo riesce a comprendere un pezzettino in più di ciò che lo circonda, l'unico modo per averne memoria e per tramandarlo ai posteri è scriverlo in formulazione matematica.

1.2. Come risolvere la matofobia

Che cosa è la matofobia?
Probabilmente ci avrai sofferto senza saperlo!

La matofobia è la paura della matematica, ovvero l'antipatia per la disciplina. Si manifesta con sintomi di **ansia, stress e frustrazione**, quando si devono affrontare situazioni matematiche come test o problemi.

La matofobia ha una natura sociale e nasce durante l'istruzione scolastica, a causa di vari fattori come la modalità di insegnamento, i pregiudizi culturali, la convinzione dell'attitudine congenita per la matematica e le esperienze di insuccesso.

Per superare la matofobia, si possono seguire alcuni consigli come: **cercare di capire il senso della matematica** e non solo le formule; allenare il cervello con giochi e attività che stimolino il pensiero logico; chiedere aiuto a insegnanti o tutor qualificati; affrontare le situazioni matematiche con calma e fiducia. E, infine, leggere questo libro!

A molti addetti ai lavori il neologismo "**matofobia**", preso in prestito dallo statunitense "*math phobia*", non piace affatto.

Le ragioni di questa posizione vanno rintracciate nel fatto che il termine "fobia", associato alla matematica, possa far sì che nei giovani allievi si incuta il timore che la matematica diventi un'ossessione.

Tuttavia, la mia esperienza personale mi porta a pensare che, di qualsiasi paura si soffra, il primo passo per poterla curare sia darle un nome.
Sapere, infatti, che esiste e che è comune aver paura della matematica o sentirsi a disagio nel suo apprendimento, può aiutarci a creare una comunità che sia in grado di impegnarsi nella corretta educazione e nel giusto approccio didattico nelle fasi più delicate dell'apprendimento.

Per il matematico e pedagogista sudafricano **Seymour Papert**, l'insorgenza di questa paura si nota proprio nella prima istruzione scolastica.
Il bambino è portato ad approcciarsi all'istruzione con naturale e istintivo spirito di apprendimento. La curiosità è tipica del bambino ed è compito dell'insegnante non spegnerla.

Per di più, **esiste una convinzione sociale per la quale le persone possono essere per loro natura portate o meno per una disciplina.**

Si assume quasi per congenito il fatto che il cervello è più predisposto all'apprendimento di un tipo di disciplina rispetto ad un altro.

Questo porta a pensare che ci siano persone per le quali la matematica debba risultare completamente inaccessibile.
Non stiamo parlando della genialità (ammesso che esista) che può essere rintracciata in un'anatomia maggiormente predisposta del cervello.

Parliamo dell'apprendimento di base della disciplina che, in partenza e senza pregiudizi, è assolutamente **accessibile a tutti**.

Per questo motivo, se ti senti di odiare questa materia o se ti sei sempre sentito meno portato nel suo apprendimento, sappi che si tratta di "*bias cognitivi*" (false credenze del tuo cervello) che non fanno altro che avvalorare la tua tesi, lasciandoti sempre indietro rispetto alla volontà di avviarti ad uno studio sistematico della materia.

Tuttavia, **se hai scelto di acquistare e leggere questo libro, vuol dire che hai avuto il coraggio di affrontare la tua paura, o di coltivare il tuo interesse.**

L'illustre matematica iraniana, nonché medaglia Fields nel 2014, **Maryam Mirzakhani** amava definirsi una "**pensatrice lenta**", confessando di aver trascorso anche fasi critiche nei suoi studi adolescenziali di matematica. Questo approccio di "**pensiero lento**", lo portava con sé nella vita di tutti i giorni.

Il marito, in un'intervista, affermò che anche quando si recavano a correre insieme al parco lei non aveva uno scatto fulmineo e lui subito si trovava qualche metro più avanti.
Tuttavia, quando lui era stanco ed aveva bisogno di fermarsi lei ancora correva, col suo ritmo, ma instancabilmente. Così, instancabile, anche il suo pensiero ha corso fino alla sua prematura scomparsa.

Questo ci insegna che i tempi di ogni singolo individuo, anche nell'apprendimento, vanno profondamente rispettati.

Proprio per questo motivo, prima di cominciare ad addentrarci nella materia, **vorrei che ti svestissi di tutti i tuoi pregiudizi** sulla matematica e che l'affrontassi come se fosse il **primo giorno di scuola**, affidandoti alla tua **nuova e rinnovata voglia di imparare**.

Non conta quanti anni tu abbia o per quale motivo tu abbia deciso di riprendere lo studio della matematica, l'unico modo per impararla è smettere di pensare di non essere portato per la disciplina.

1.3. La logica prima della matematica

Come ti ho anticipato nei paragrafi precedenti, la matematica risulta essere un'ottima palestra e il "muscolo" che ci porta ad allenare è quello della logica.

Che cos'è la logica?

Il termine, etimologicamente, deriva dal greco λόγος (logos), che potremmo tradurre con "ragionamento", "parola", "pensiero".

Questo ci è già di aiuto per comprendere come la logica sia il carburante che mette in moto il cervello e lo porta a ragionare e giungere alle opportune conclusioni di fronte ad un problema.

In origine, la logica era appannaggio degli studi filosofici e non potrebbe essere altrimenti per una disciplina che fa del ragionamento e del pensiero educato la propria prerogativa.

Per quanto ci riguarda, tuttavia, il messaggio che vorrei ti giungesse è che, quandanche la tua mirabolante memoria ti consentisse di ricordare formule e teoremi senza nessuna difficoltà, non ti sarebbe di nessuna utilità senza la logica, senza la capacità di focalizzare la tua attenzione su possibili metodi risolutivi.

Non è un caso che in qualsiasi test preselettivo per concorsi o in qualunque test di ammissione universitario, vengono proposti dei quiz di logica.

Indipendentemente dal tuo percorso di studi o dall'attività che deciderai di svolgere nella vita, infatti, il tuo bagaglio logico risulterà fare sempre la differenza.

Ma allora, se non ho logica vuol dire che non sono portato per la matematica? Ancora una volta, non esiste nulla di innato.

Le capacità della nostra mente sono come un universo in continua espansione. Con ogni probabilità, **non ti troverai mai a sfruttare appieno le potenzialità del tuo cervello, per la tua intera esistenza.** Per quanto possa apparire triste, possa tale convincimento esserti di stimolo per comprendere che **c'è sempre margine di miglioramento.**

La logica e il ragionamento possono essere esercitati in svariati modi.
Per chi si impegna a studiare la matematica ci si trova a vivere il seguente paradosso:

lo studio della matematica aiuta lo sviluppo della logica, ma una buona logica aiuta la comprensione della matematica.

Tuttavia, esistono strade alternative per ampliare il tuo bagaglio logico. **Sii affamato di libri, leggi ciò che ti piace ed esplora mondi nuovi.**

Entrare in contatto con il diverso è sempre un enorme stimolo per la nostra mente.

Esci dalla tua zona di confort, prova a fare ciò che ti fa sentire a disagio, perché troverai il modo per cavartela e per apprendere nuove strategie di problem solving.

Cimentarsi in qualcosa di nuovo costringe il nostro cervello ad adattarsi a nuove abitudini, nuovi problemi e nuove sfide. **Se non sai ed eviti continuerai a non sapere, ma se non sai e ti cimenti, allora impari**. Possono aiutarti, inoltre, alcune palestre logiche digitali o cartacee che puoi facilmente rintracciare in autonomia oppure giochi classici, come quello degli scacchi.
Ad ogni modo, troverai di seguito alcuni esercizi per approcciarti alla logica.

Esercizi

Ti propongo, di seguito, alcuni **esercizi di logica**. Probabilmente, ti sarai già approcciato a questa tipologia di quesiti in passato e potresti trovarli persino banali.

Al contrario, se è la prima volta che ti approcci ad un quiz logico, non aver paura di sbagliare.

Troverai le risposte nella pagina che segue gli esercizi, ma prova a ragionare in autonomia: è proprio quando senti il cervello fumare per raggiungere la soluzione che stai per apprendere qualcosa di nuovo.

1. "Affinché la rondine completi la sua migrazione, è necessario che percorra almeno 300 chilometri al giorno. In un giorno non può compierne più di 400".

Ammettendo che questa affermazione sia vera, quale delle seguenti deve essere falsa?

a) "Se la rondine percorre 250 chilometri al giorno non completerà la sua migrazione".

b) "Se la rondine percorre 350 chilometri al giorno, sicuramente completerà la sua migrazione".

c) “Se la rondine percorre 300 chilometri al giorno per metà del tempo e 380 nei restanti completerà la migrazione”.

d) “Se la rondine percorre 280 chilometri al giorno per metà del tempo e 450 nei restanti completerà la migrazione”.

2. Osserva l’immagine seguente e completa la sequenza con una delle alternative che seguono:

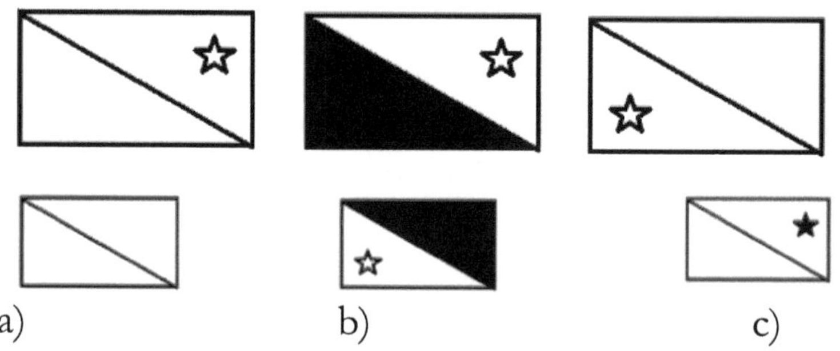

3. Completa la sequenza numerica con una delle alternative proposte:

31; 4; 35; 8; 43; 7; 50; 5; ?

a) 51
b) 55

c) 43
d) 49

4.

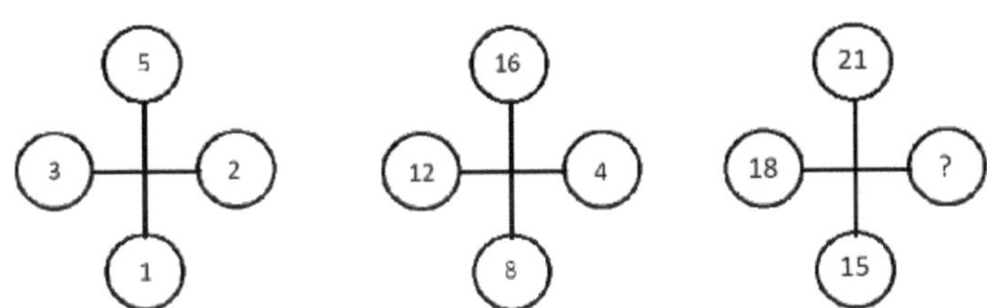

a) 17
b) 13
c) 3
d) 1

5. Nella seguente espressione logica, individua l'elemento mancante:

? → renne = Schumacher → automobile

a) corna
b) Babbo Natale
c) neve
d) Lapponia

6. Gina, Pino, Elena e Simone sono fratelli e sorelle. Gina ha tre anni più di Pino, mentre Elena aveva il doppio degli anni di Pino, quando lui ne aveva tre. Simone, invece, ha due anni più di Elena. Chi sono i gemelli?

a) Gina e Pino
b) Pino ed Elena
c) Gina ed Elena
d) Gina e Simone

SOLUZIONI

1. d)

2. b)

3. b): la sequenza prevede che al numero XY segua il numero X+Y e poi XY+(X+Y).

4. c): nel cerchio superiore troviamo la somma dei cerchi intermedi, mentre nel cerchio inferiore la loro differenza.

5. b): al mezzo di trasporto preferito viene associato il proprietario.

6. c)

I segreti svelati in questo capitolo

In questo primo giorno cosa abbiamo appreso?

1. Il senso e il motivo per cui può esserti utile questo percorso. Lo scopo è stato quello di darti tutti gli **strumenti per poter partire** senza pregiudizi e senza paure di sorta.

2. Abbiamo appreso come il **timore della matematica** sia diffuso e comune, ma dettato dal background culturale ed educativo in cui, tuo malgrado, ti sei potuto trovare a vivere.

3. Per la prima volta ci siamo approcciati a piccoli problemi, in cui la risoluzione non richiedeva nessun particolare artificio matematico, ma il "semplice" utilizzo della **logica**.

Il mio auspicio è che queste prime pagine possano esserti servite per eliminare qualsiasi scusante ti tenesse lontano dallo studio della matematica.

2. LE BASI DELLA MATEMATICA

2.1. Comprendere il problema: l'importanza della comprensione del testo

Quando si pensa alla risoluzione di un quesito matematico, spesso ci si focalizza sulla teoria che giace alle spalle di quel velo di Maya che è il testo.

Tuttavia, non di rado, si tende a perseguire una strada logica errata proprio perché **il testo del problema non è stato interpretato correttamente**.

"*Professoressa, ma io non avevo capito che chiedesse questo!*"; chiunque di noi lo ha pronunciato almeno una volta nella vita e, spesso, condito con un voto che non ci soddisfaceva.

Eppure, credo che sia il consiglio più inflazionato delle scuole elementari: "**Presta attenzione a quello che leggi!**".

Persino nei test di lingua c'è sempre un quesito sulla comprensione del testo, perché non esiste niente di altrettanto importante.
Quello che può capitare, però, è che chiuso il libro di letteratura o il quaderno di inglese, lo studente si approcci alla matematica dimenticando che qualsiasi conoscenza acquisita è multidisciplinare.

A mio modesto parere, inoltre, tendiamo a **sottovalutare l'importanza della comprensione del testo** perché la valutiamo banale, semplice o persino scontata.

"Vuoi vedere che non so capire un paio di frasi scritte nella mia lingua?", potresti pensare, però il consiglio è di non dare mai niente per scontato: un'abilità si migliora implementando tutte le sue sfaccettature.

La comprensione del testo, inoltre, non è un'operazione unitaria, ma una filiera che mette in moto diverse abilità cognitive e per questo è più complessa e degna di attenzione di quanto non si possa immaginare.

Proviamo a rintracciare quali sono i fattori chiave da tenere a mente nell'analisi di un testo, con particolare attenzione a quelli dal lessico matematico:

1. distinzione tra dati utili e superflui
2. individuazione dell'ipotesi
3. individuazione della tesi
4. comprensione del lessico specifico
5. gerarchia delle informazioni
6. modelli mentali e matematici
7. errori o incongruenze

Nel testo di un quesito matematico, se ben formulato, saranno sempre presenti dei **dati**, ovvero qualcosa che possiamo dare per certo ed assodato e che ci servirà per la risoluzione del problema.

Tuttavia, quelle simpatiche canaglie degli autori di libri di testo, a volte, aggiungono dati superflui, per far sì che lo studente impari a prestare attenzione soltanto a ciò che conta.
Per giunta, questo modo di pensare può formare l'allievo ad affrontare problemi matematici più complessi o di applicazione reale, dove i dati a disposizione ci appaiono infiniti, ma solo pochi contano davvero.

Una volta fatta questa scrematura, possiamo formulare la nostra **ipotesi**, ovvero raccogliere tutti i dati realmente utili per rispondere alla tesi del nostro quesito.

La **tesi** rappresenta il risultato cui ci aspettiamo di giungere. Nel comprendere ipotesi e tesi, ci verranno fornite informazioni delle quali può essere utile individuare una gerarchia.

Così facendo sapremo esattamente su quali parti del testo focalizzare la nostra attenzione. Non mi stancherò mai di dirti che **la matematica ha una propria lingua** e proprio perché possiede un **lessico** tutto suo, è necessario conoscerlo per poter comprendere il testo.

Fatto questo lavoro, saremo in grado (avendo il nostro bagaglio di teoria matematica) di associare al testo un **modello mentale e matematico** di riferimento, che possa avviarci a decidere la logica da seguire.

Non dimenticare mai, però, che nessuno è perfetto e anche nei migliori testi possono essere presenti degli **errori**. L'abilità sta nel capire con certezza che quello che si ha di fronte è una svista dell'autore e non un'incomprensione personale.

2.2. Ipotesi e tesi: architettura di un teorema

Vale la pena concentrare la nostra attenzione su due punti chiave passati in rassegna nel precedente paragrafo: **ipotesi e tesi**.

Ipotesi e tesi sono due termini che si usano nell'ambito della logica e della matematica per indicare le parti di un teorema o di una proprietà.
Un teorema è un enunciato che stabilisce che se si suppongono vere le ipotesi allora segue che è vera anche la tesi.
Le ipotesi sono le condizioni iniziali da cui si parte, mentre la tesi è la conclusione a cui si arriva mediante una dimostrazione.
La dimostrazione è il ragionamento logico che permette di passare dalle ipotesi alla tesi usando delle implicazioni logiche.

Per esempio, consideriamo il seguente teorema:
Se un triangolo è rettangolo, allora vale il teorema di Pitagora.
In questo caso, l'ipotesi è "un triangolo è rettangolo" e la tesi è "vale il teorema di Pitagora". La dimostrazione consiste nel mostrare che, partendo dall'ipotesi, si può dedurre la tesi usando le proprietà dei triangoli rettangoli e delle aree.

Ipotesi e tesi sono, dunque, i pilastri della costruzione di un **teorema**.

Per teorema, infatti, intendiamo una proposizione che, partendo da informazioni assunte per vere (ipotesi) giunge a una serie di conclusioni (tesi).

Potremmo considerare il **sillogismo aristotelico** come una prima semplice architettura di teorema.

Il sillogismo, infatti, partendo da due proposizioni assunte per vere, giunge ad una terza proposizione, attraverso un'opportuna deduzione logica.

Ad esempio:

A è un numero pari;
B è un multiplo di A;
Allora B è un numero pari.

Partendo da due informazioni vere, siamo giunti ad un'affermazione altrettanto vera, sfruttando la deduzione che un multiplo di un numero pari sarà a sua volta un numero pari.

Il sillogismo, essendo un esercizio di logica, può concludersi qui, perché il suo spirito è il processo mentale che si fa per giungere alla conclusione.

Un teorema matematico, invece, oltre alle ipotesi e tesi incluse nell'**enunciato**, deve prevedere una **dimostrazione**, ovvero un algoritmo che ci consenta di confermare a chiunque legga che la nostra conclusione è effettivamente veritiera.

Probabilmente, questa struttura logica ti è già chiara, ma è quella che più ci troveremo ad affrontare nello studio della matematica.

Se scorressi l'indice di questo libro, ad esempio, ti imbatteresti più di una volta nella parola "teorema" ed è per questo che mi preme che tu ne comprenda la struttura.

Tra ipotesi e tesi sussiste la seguente implicazione logica:

$$Ipotesi \rightarrow Tesi \ (1)$$

Il simbolo della freccia è un **operatore logico** che può essere tradotto con "se…allora", cioè se è vera l'ipotesi lo è sicuramente la tesi.

In linguaggio matematico possiamo anche dire che l'ipotesi è **condizione sufficiente** per verificare la tesi e che la tesi è **condizione necessaria** per verificare l'ipotesi.

Per ricordare ciò, possiamo osservare il **verso della freccia** che, infatti, va dall'ipotesi alla tesi.

Questo ci aiuta a tenere a mente che **l'ipotesi basta per dimostrare la tesi**, ma non vale il contrario (infatti la freccia non è presente nella direzione opposta).

La condizione (1) è la struttura basilare di un teorema, ma nulla vieta che potremmo trovarci di fronte ad alcune sue varianti:

$$Ipotesi \leftrightarrow Tesi \quad (2)$$

In questo caso, il simbolo "**doppia freccia**" indica una **doppia implicazione**: se è vera l'ipotesi allora è vera la tesi, ma è vero anche il contrario.

Un teorema con una struttura logica simile ha una **duplice dimostrazione**: posso dimostrare l'ipotesi a partire dalla tesi o viceversa.
In questo caso possiamo affermare che non solo esiste il teorema (1), ma che esiste anche il suo **inverso**.

Un'altra variante di struttura che potremmo incontrare è la seguente:

$$\overline{Ipotesi} \rightarrow \overline{Tesi} \quad (3)$$

In questo caso, con quel segmento sopra le parole **"ipotesi" e "tesi", indichiamo il loro contrario**.

Tale notazione è molto utilizzata nel linguaggio matematico e, più avanti, ne faremo nuovamente uso, ad esempio nel parlare di probabilità.

In sostanza, sto dicendo che se parto da un'ipotesi opposta ottengo un risultato opposto.

In questo caso possiamo parlare di **teorema contrario**.

È evidente che anche per il teorema contrario potrei avere una variante con doppia implicazione come nell'esempio (2).

A questo punto, abbiamo a nostra disposizione tutte le conoscenze necessarie per costruire il nostro primo teorema! Sfruttiamo gli stessi enunciati usati nel sillogismo di inizio paragrafo, ma trasformiamoli in un teorema.

ENUNCIATO

a) Ipotesi: A è un numero pari; B è multiplo di A
b) Tesi: B è un numero pari

DIMOSTRAZIONE

Un numero può essere definito pari se è intero e divisibile per 2. Quindi, dalle ipotesi, so che A è divisibile per 2, che significa che:

$$\frac{A}{2} = N \ (con\ N\ numero\ intero)\ (4)$$

Dalle ipotesi so anche che B è un multiplo di A, ovvero che:

$$B = K \cdot A \ (con\ K\ numero\ intero)\ (5)$$

Se dalla (4) ho visto che la metà di A è uguale ad N, allora vuol dire che:

$$A = 2 \cdot N \ (6)$$

Sostituendo l'espressione di A della (6) nella (5), posso scrivere:

$$B = K \cdot A = K \cdot 2 \cdot N \ (7)$$

Se chiamiamo Q il prodotto tra i due interi K ed N (che a sua volta sarà un numero intero), allora la (7) diventa:

$$B = K \cdot 2 \cdot N = 2 \cdot Q$$

Quindi, B è il doppio di un numero intero, ma allora sicuramente è intero e sicuramente è divisibile per due, di conseguenza abbiamo dimostrato la nostra tesi.

2.3. L'indispensabile per il nostro viaggio

È impossibile trattare tutta la matematica in un solo libro e quindi, in questo volume, dobbiamo impostare due limiti del sapere, uno inferiore ed uno superiore: nel tentativo di fornire nozioni di base, non ci spingeremo ad argomenti che potresti trattare o aver trattato negli ultimi anni di scuola secondaria di secondo grado; di contro, il limite inferiore, rappresenta ciò che darò per scontato di qui in avanti.

Per questo mi preme riassumere ora i concetti di base che non verranno ulteriormente approfonditi.

Mi aspetto che ti sappia **muovere agevolmente con le quattro operazioni**, anche tra quelli che, a breve, chiameremo numeri relativi, ovvero quei numeri che oltre alla cifra caratterizziamo con un segno, ad esempio:

$$(+3) - (-1) = (+4)$$
$$(+3) \cdot (-2) = (-6)$$

Sono operazioni semplici in cui, però, bisogna prestare attenzione al segno.

Come si nota dall'esempio, ricordiamo che per prodotto e quoziente vale la regola dei prodotti dei segni:

$$(+)(+)=(+)$$

$$(-)(-)=(+)$$

$$(+)(-)=(-)$$

Ovvero il prodotto (o quoziente) tra due numeri con lo stesso segno sarà un numero positivo, mentre il prodotto (o quoziente) tra numeri con segno opposto sarà un numero negativo.

Se questi concetti non ti sono del tutto chiari, non aver paura, quando li incontreremo nelle spiegazioni successive avrai modo di familiarizzare con il loro utilizzo.

Allo stesso modo, non mi concentrerò sulle proprietà delle operazioni fondamentali. Questo è tutto ciò che mi aspetto tu sappia, il resto ti sarà spiegato nelle pagine successive.

Quasi dimenticavo, possiamo dare per scontate le tabelline, non è vero?

Esercizi

1. Nel seguente semplice esercizio ti chiedo di risolvere il quesito, ma soprattutto di individuare ipotesi e tesi, annotando da parte eventuali dati superflui.

"Marco si reca con la sua amica Gianna in un negozio di caramelle. Marco afferra un pugno di caramelle e si avvia alla cassa. Gianna gli fa notare che sarebbe meglio contarle, affinché siano un numero pari e possano dividerle tra di loro. Marco, allora, separa le caramelle rosse da quelle blu e ne conta <u>sette rosse e sei blu</u>. Vedendo che sono in numero dispari, decide di aggiungerne <u>una rossa e due blu</u>. Inoltre, tornando verso la cassa, aggiunge al cestino anche quattro cioccolatini. Quante caramelle rosse e quante caramelle blu riceveranno a testa i due bambini?"

Ipotesi:

Tesi:

Dati superflui:

Soluzione:

2. Il testo riportato di seguito, pensi che possa essere l'enunciato di un teorema? Motiva la tua risposta ed individua, eventualmente, ipotesi e tesi.

"Se N è un numero naturale dispari ed M è un numero naturale pari, allora N + M è un numero dispari"

E il seguente testo, invece?

"Sia N un numero naturale dispari ed M un numero naturale pari. La loro somma sarà un numero pari o dispari?"

SOLUZIONI

Esercizio 1

Ipotesi: In totale abbiamo 8 caramelle rosse e 8 caramelle blu.

Tesi: Si dividono in parti uguali sia le caramelle rosse sia le blu, per i due ragazzi,

Dati superflui: quattro cioccolatini.

Soluzione: Ogni ragazzo riceve 4 caramelle rosse e 4 blu.

Esercizio 2

"Se N è un numero naturale dispari ed M è un numero naturale pari (IPOTESI), allora N + M è un numero dispari" (TESI): è un teorema.

"Sia N un numero naturale dispari ed M un numero naturale pari. La loro somma sarà un numero pari o dispari?". -> Non è un teorema visto che manca la tesi.

I segreti svelati in questo capitolo

Cosa abbiamo imparato in questo capitolo?

1. La matematica richiede capacità che, apparentemente, esulano dalle competenze della disciplina, come la **comprensione del testo**.

2. Abbiamo rimarcato come la **logica** è alla base della risoluzione dei quesiti.

3. Abbiamo imparato a conoscere **l'architettura di un teorema** e quali sono le parti che lo compongono.

4. Abbiamo ricordato quale consideriamo essere il nostro **punto di partenza**, le nostre conoscenze essenziali, come la farina e lo zucchero in cucina.

3. FONDAMENTI DI TEORIA DEGLI INSIEMI

3.1. Gli insiemi

Il concetto di insieme risulta apparentemente banale, ma vale la pena formalizzarlo dal punto di vista matematico.

Possiamo definire come insieme una raccolta di elementi che presentano una caratteristica in comune.

Ad esempio, possiamo definire l'insieme dei "mammiferi", all'interno del quale potremmo individuare dei sottoinsiemi in base alle abitudini alimentari o potremmo includere l'insieme "mammiferi" in quello più grande degli "animali".

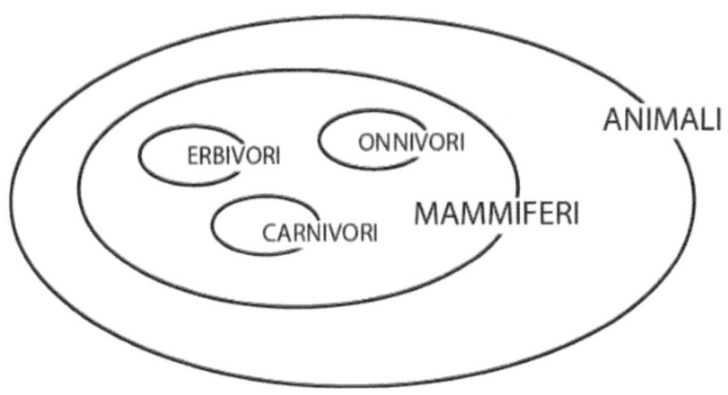

Prima di addentrarci nelle modalità con cui possiamo definire un insieme, introduciamo alcuni simboli che risulteranno esserci utili e che rientrano in quella grammatica del "matematichese" di cui abbiamo tanto parlato.

SIMBOLO	SIGNIFICATO
$\emptyset$	Insieme vuoto
I	Nome di un insieme (lettera maiuscola)
i	Elemento di un insieme (lettera minuscola)
$\in$	Appartiene
$\notin$	Non appartiene
$\subset$	Contenuto
$\cap$	Intersezione
$\cup$	Unione

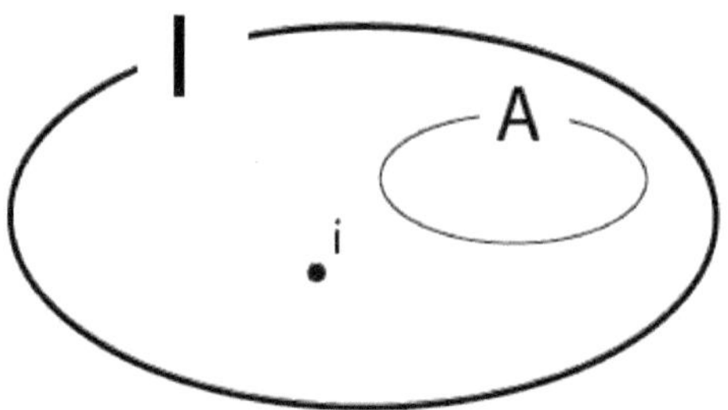

Ad esempio, osservando il disegno, possiamo scrivere che:

$$i \in I$$

$$A = \emptyset$$

$$A \subset I$$

Ovvero, stiamo affermando che l'elemento i appartiene all'insieme I, che l'insieme A è vuoto (non ha elementi) ed è incluso nell'insieme I.

Come possiamo immaginare di definire questi insiemi, se volessimo descriverli nel linguaggio matematico, in modo che tutti possano capire di cosa stiamo parlando? Prendiamo, come esempio, l'insieme dei numeri pari.

1) **Definizione in base alla caratteristica comune degli elementi**

$$P = \{n \in N : \frac{n}{2}\ intero\}$$

Che possiamo leggere come: "D è l'insieme formato dagli elementi n, che appartengono all'insieme dei numeri naturali N, tali che dividendo l'elemento n per 2 ottengo sempre un numero intero".

Analizzeremo in seguito cosa si intende per "insieme dei numeri naturali", per ora soffermiamoci su come abbiamo definito l'insieme in base alla caratteristica comune. Si noti, inoltre, come per raccogliere gli elementi di un insieme si usano sempre le parentesi graffe.

2) **Definizione per elencazione**

$$P = \{0, 2, 4, 6...\}$$

In questo caso ci limitiamo semplicemente ad elencare tra parentesi graffe gli elementi dell'insieme.

3) **Definizione grafica**

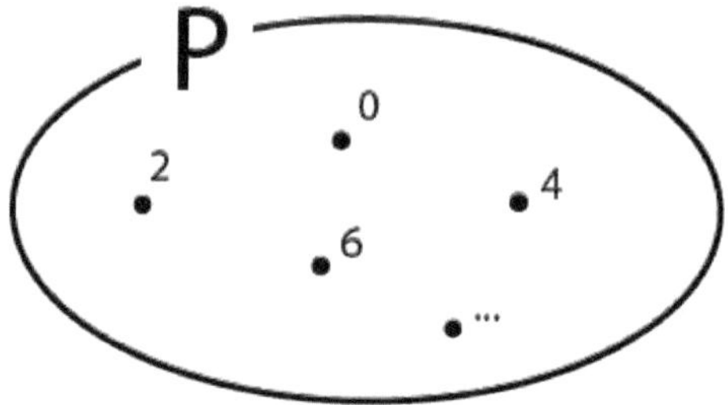

Questa definizione l'abbiamo già, intuitivamente, vista ad inizio capitolo ed è quella che, più di tutte fornisce un'idea concettualmente chiara di insieme. Non è altro che la rappresentazione grafica di quanto definito precedentemente per elencazione.

3.2. Sottoinsiemi, insieme universo e complementare

Come abbiamo già avuto modo di osservare, **all'interno di un insieme è possibile distinguere dei gruppi di elementi con caratteristiche comuni tra di loro, ma non comuni a tutti gli elementi dell'insieme.**

Abbiamo chiamato tali gruppi **sottoinsiemi**.

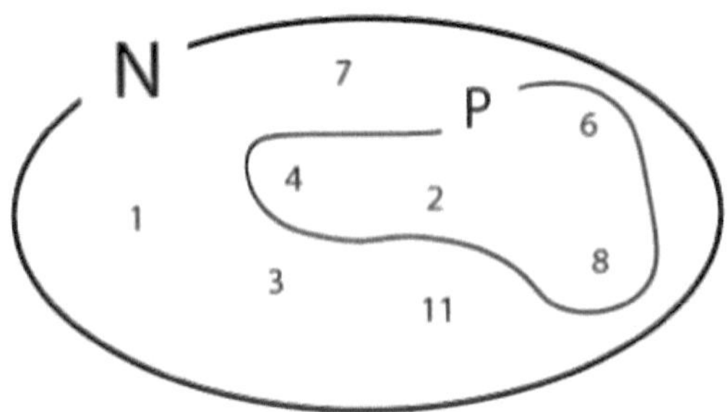

Ad esempio, nell'insieme N, possiamo individuare il sottoinsieme dei numeri pari P, tali che:

$$P \subset N$$

Notiamo che il simbolo di inclusione può anche essere letto al contrario:

$$N \supset P$$

Ovvero "N contiene P".

Questo insieme P lo definiamo come un **sottoinsieme proprio**, per distinguerlo dai sottoinsiemi impropri. Nell'insieme N, infatti sono contenuti anche altri due sottoinsiemi che, apparentemente non vediamo: l'insieme vuoto e l'insieme N stesso.

Possiamo infatti scrivere che:

$$N \subseteq N$$
$$\emptyset \subset N$$

dove quella barretta sotto il segno di inclusione indica che, nello specifico, N coincide proprio con N.

Questi sottoinsiemi si definiscono **impropri** perché hanno la particolarità di contenere tutti gli elementi dell'insieme o nessuno degli elementi e sono i due sottoinsiemi che possiamo sempre rintracciare, in qualsiasi tipo di insieme.

Tutti i sottoinsiemi possono essere raggruppati in un ulteriore insieme detto **insieme delle parti**.

Prendiamo, ad esempio, il seguente insieme:

$$L = \{a, b, c\}$$

All'interno dell'insieme L possiamo distinguere i seguenti sottoinsiemi:

$$L; \{a\}; \{b\}; \{c\}; \{a, b\}; \{b, c\}; \{a, c\}; \emptyset$$

Quindi, chiamando K l'insieme delle parti, possiamo definirlo come:

$$K = \{L; \{a\}; \{b\}; \{c\}; \{a, b\}; \{b, c\}; \{a, c\}; \emptyset\}$$

dove abbiamo definito un insieme costituito da altri insiemi e per questo troviamo delle parentesi graffe incluse in altre parentesi graffe.

Nella teoria degli insiemi, in contrapposizione all'insieme vuoto, possiamo definire l'**insieme universo** (o ambiente).

Prendiamo come esempio ancora il nostro insieme N: si definisce insieme universo di N un qualsiasi insieme che può contenere N come suo sottoinsieme e cioè tale che:

$$U \supset N$$

Possiamo, inoltre, definire un **insieme complementare**.

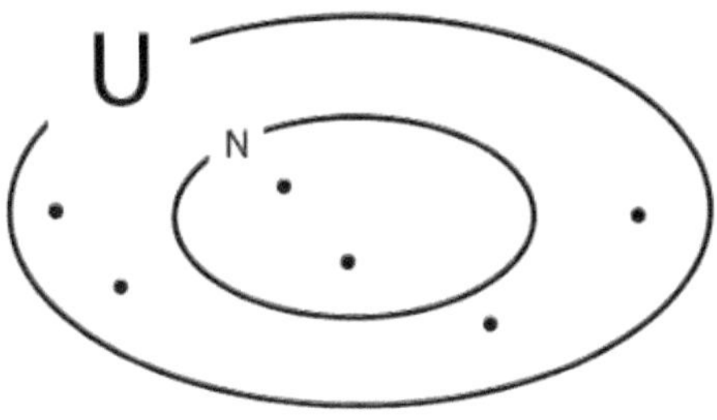

L'insieme complementare di N è l'insieme costituito da tutti quegli elementi che fanno parte dell'insieme universo, ma non dell'insieme N.

L'insieme complementare di N lo indichiamo come N^C e possiamo definirlo come segue:

$$N^C = \{u \in U : u \notin N\}$$

Ovvero, l'insieme N^C è costituito da tutti gli elementi u che appartengono ad U ma che non appartengono ad N.

3.3. Operazioni tra insiemi: unione e intersezione

Tra due o più insiemi è possibile effettuare delle operazioni di condivisione o addizione degli elementi, molto semplici da capire mediante i **diagrammi di Eulero-Venn**, che vedremo di seguito.

Prendiamo, ad esempio, gli insiemi A e B qui definiti graficamente.

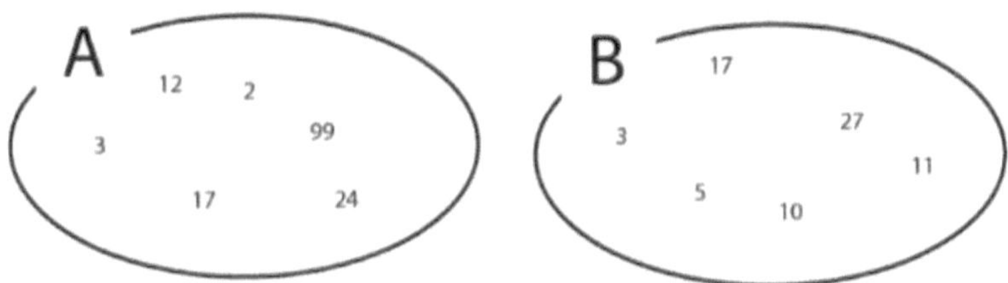

Tra questi due insiemi possiamo effettuare un'operazione di **unione**, che potresti immaginare, da un punto di vista logico, come una somma.

L'insieme unione tra A e B, infatti, è quell'insieme che ha come elementi sia quelli di A che quelli di B.

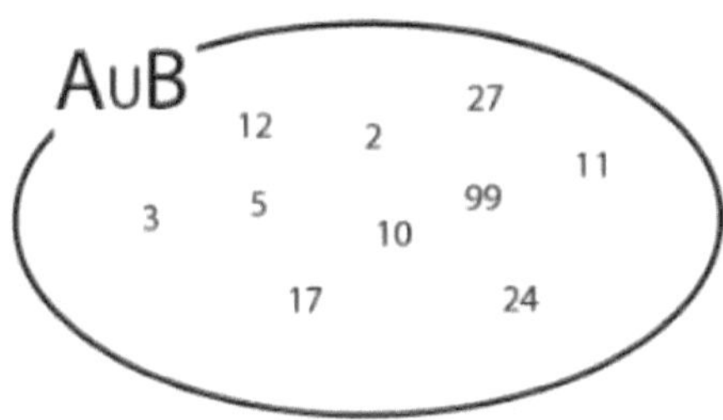

Diversa, invece, è l'operazione di **intersezione**, nella quale dobbiamo considerare soltanto gli elementi comuni ad A e B.

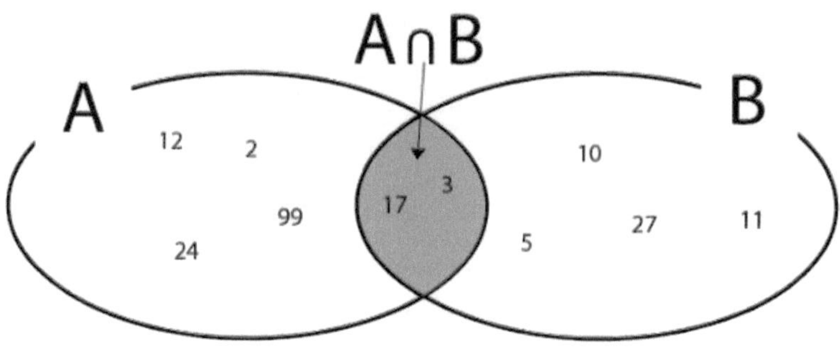

Dal diagramma di Venn si evince che l'intersezione include i soli elementi (17 e 3) comuni ad entrambi gli insiemi.

Volendo definire gli insiemi unione ed intersezione, possiamo scrivere che:

$$A \cup B = \{x : x \in A \text{ } oppure \text{ } x \in B\}$$
$$A \cap B = \{x : x \in A \text{ } e \text{ } x \in B\}$$

Nel nostro esempio, quindi:

$$A = \{12, 24, 2, 99, 17, 3\}$$
$$B = \{17, 3, 5, 10, 27, 11\}$$
$$A \cup B = \{12, 24, 2, 99, 17, 3, 5, 10, 27, 11\}$$
$$A \cap B = \{17, 3\}$$

3.4. Gli insiemi numerici: N, Z, Q, R e C

Ora che hai avuto un assaggio degli insiemi, possiamo concentrarci su quelli più cari alla matematica, ovvero gli **insiemi numerici**.

Se ti chiedessi quanti numeri esistono, credo che senza esitazione mi risponderesti che sono infiniti.

Ma se ti chiedessi quanti numeri ci sono tra 0 e 10?

Sicuramente potresti contare dieci numeri interi a partire da 1 e includendo il 10:

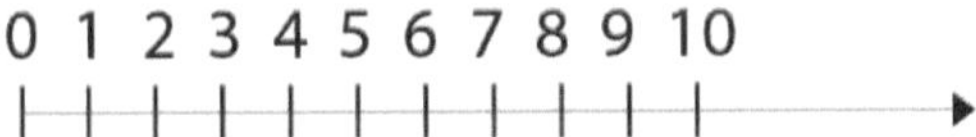

Ma quanti numeri esistono tra 0 ed 1?

Avremmo 0.1, 0.2 e così via. Tra 0.1 e 0.2 avremmo 0.11, 0.12 e così all'infinito.

Qualsiasi intervallo numerico io scelga, sarà sempre composto da infiniti elementi, ma abbiamo sempre bisogno di questa complessità?
Non sempre e proprio per questo abbiamo diviso l'insieme universo dei numeri in tanti sottoinsiemi via via più semplici.

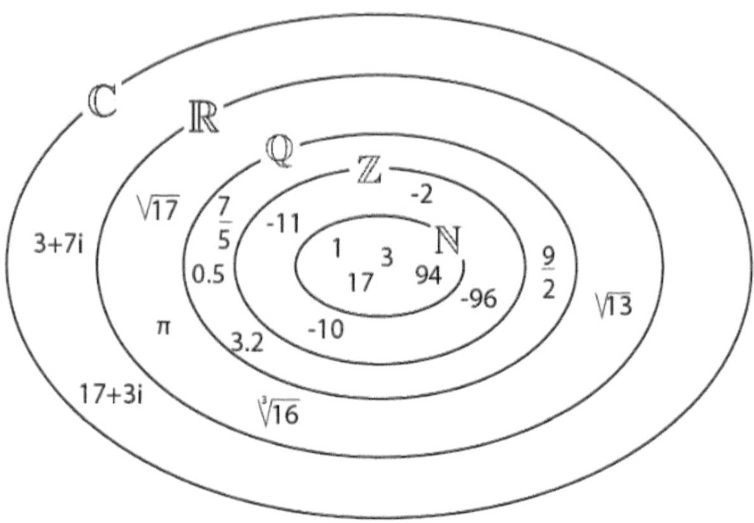

Come osserviamo dall'immagine, il sottoinsieme più piccolo (seppur infinito anch'esso) è l'insieme dei **numeri naturali** (N).

Al suo interno includiamo tutti i numeri interi positivi. Più esternamente troviamo l'insieme dei **numeri relativi** (Z) che include tutti gli interi, positivi e negativi.

L'insieme dei **numeri razionali relativi** (Q), oltre agli elementi già citati, contiene tutti quei numeri che possono essere espressi con una frazione (che hanno quindi un numero finito di cifre decimali).

L'insieme dei **numeri reali** (R), invece, aggiunge all'insieme precedente tutti i restanti numeri che conosciamo, inclusi quelli con infinite cifre decimali.

Quello più esterno qui rappresentato è l'insieme dei **numeri complessi**, che oltre ad una parte reale possiedono una parte cosiddetta immaginaria.

Numeri del genere sono necessari per risolvere, ad esempio, operazioni come la radice quadrata di un numero negativo, notoriamente irrisolvibili nel campo dei numeri reali.

Tuttavia, tale insieme numerico non sarà oggetto di discussione in questo volume, in cui ci limiteremo all'utilizzo dei numeri reali.

Esercizi

1. Aggiungi il simbolo corretto negli spazi vuoti.

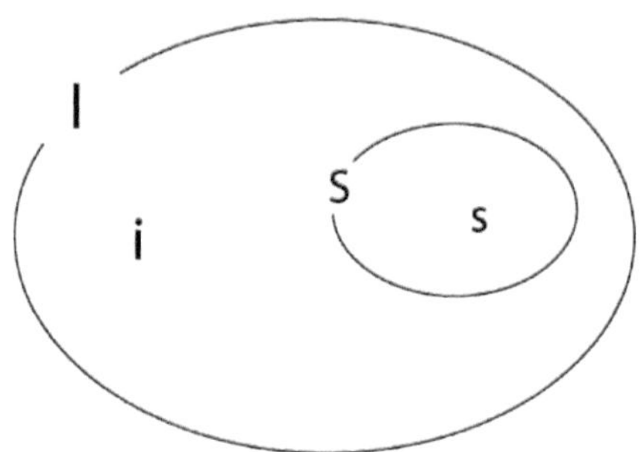

a) i   I
b) S   I
c) I   S
d) s   S
e) i   S
f) i S^C

2. Dati i seguenti insiemi, definire l'insieme unione e l'insieme intersezione.

$$A = \{12, 17, 21, 44, 33, 7, 9, 58\}$$
$$B = \{11, 10, 96, 28, 44, 89, 58, 13\}$$

3. Scrivere accanto ad ogni numero, qual è l'insieme numerico più piccolo al quale può appartenere.

a) 124

b) π

c)$11^{1/2}$

d) -24

e) 7/10

SOLUZIONI

1.
a) $\in$
b) $\subset$
c) $\supset$
d) $\in$
e) $\notin$
f) $\in$

2.

$$A \cup B = \{12, 17, 21, 44, 33, 7, 9, 58, 11, 10, 96, 28, 89, 13\}$$
$$A \cap B = \{44, 58\}$$

3.
a) N
b) R
c) R
d) Z
e) Q

I segreti svelati in questo capitolo

Cosa abbiamo imparato in questo capitolo?

1. Abbiamo appreso che cos'è un **insieme** e quali sono le modalità per poterlo definire.

2. Abbiamo definito i **sottoinsiemi** propri ed impropri e come possiamo individuarli all'interno di un insieme universo.

3. Ci siamo dedicati alla logica che è presente dietro le operazioni di **intersezione** ed **unione** di insiemi.

4. Abbiamo definito gli **insiemi numerici**, in cui sono contenuti tutti i numeri che potremmo mai immaginare.

4. DIVISIBILITÁ

Uno dei primi problemi concreti di matematica che ti sarai trovato ad affrontare da piccolo è quello della **divisibilità**.

Immagina, ad esempio un bambino al parco con gli amici, pronto a dividere le caramelle che ha acquistato per offrirle in occasione del suo compleanno. Ha tre amici e ventitré caramelle.

La domanda che, inconsciamente, si porrebbe è: "Posso dividere ventitré caramelle per tre bambini, in maniera tale che ognuno abbia lo stesso numero di dolciumi?".

In sostanza, se quel bambino avesse conosciuto i criteri di divisibilità, che andremo a vedere, avrebbe presto detto che ventitré non è un numero divisibile per tre e che quindi sarebbe avanzata qualche caramella.

Il bello è che con i criteri di divisibilità, avrebbe potuto fare quest'affermazione senza effettuare la divisione, ma semplicemente osservando il numero. La matematica a volte è magia!

4.1. Criteri di divisibilità

I criteri di divisibilità ci vengono in soccorso quando vogliamo sapere per quali numeri primi risulta essere divisibile un numero.

Divisibile significa che posso dividerlo per quel numero avendo come resto zero.

Per **numero primo**, invece, intendiamo un numero che è divisibile soltanto per se stesso e per uno. Questi ultimi si trovano tabellati in qualsiasi libro di aritmetica oppure online.

Vediamo un esempio:

$$25 : 5 = 5$$

Dalla divisione non trovo resto e quindi posso affermare che 25 è divisibile per 5 che è un numero primo.

$$27 : 5 = 5 \; con \; resto \; 2$$

Da quest'ultima divisione ottengo un resto pari a 2, quindi capisco che 27 non è divisibile per 5.

Tuttavia, pensare di dover effettuare ogni volta una divisione per stabilirne la divisibilità, anche per numeri composti da un numero maggiore di cifre, è piuttosto noioso.

Per questo motivo impariamo i criteri di divisibilità, almeno per i numeri primi più piccoli e comuni. Grazie a questi ultimi sarà sufficiente osservare le cifre di cui è composto il numero, al massimo fare qualche calcolo elementare e subito saremo in grado di valutarne la divisibilità.

1) **Divisibilità per 2**

Un numero è divisibile per 2 se la sua ultima cifra è 0 o un numero pari.

Ad esempio:

1236: ha come ultima cifra 6, che è pari, quindi è divisibile per 2.

120: ha come ultima cifra 0, quindi è divisibile per 2.

1359: ha come ultima cifra 9, che è dispari, quindi non è divisibile per 2.

2) **Divisibilità per 3**

Un numero è divisibile per 3 se la somma delle sue cifre è uguale a 3 o ad un multiplo di 3.

Ad esempio:

1332: la somma delle sue cifre è 1+3+3+2=9 che è un multiplo di 3, quindi è divisibile per 3.

12: la somma delle sue cifre è 1+2=3, quindi è divisibile per 3.

1264: la somma delle sue cifre è 1+2+6+4=13, che non è un multiplo di 3, quindi non è divisibile per 3.

3) **Divisibilità per 5**

Un numero è divisibile per 5 se la sua ultima cifra è 5 oppure 0.

Ad esempio:

12035: ha come ultima cifra 5, quindi è divisibile per 5.

1260: ha come ultima cifra 0, quindi è divisibile per 5.

423: ha come ultima cifra 3, quindi non è divisibile per 5.

4) **Divisibilità per 7**

In questo caso ci concentriamo solo su numeri con più di due cifre. Per quelli con due cifre ricorriamo alla tabellina del 7. Un numero con almeno tre cifre è divisibile per 7 se il numero ottenuto eliminando l'unità, al quale sottraiamo l'unità moltiplicata per due, è divisibile per 7.

Molto più semplice da capire con un esempio:

161: togliendo la cifra dell'unità ottengo 16. A questo numero sottraggo l'unità moltiplicata per due, quindi 16 – (1 x 2) = 14. 14 è divisibile per 7, quindi anche 161 lo è.

5) **Divisibilità per 11**

Un numero è divisibile per 11 se la differenza fra la somma delle cifre pari e la somma delle cifre dispari è pari a 0, 11 o un multiplo di 11.

Anche qui è più facile capirlo con un esempio:

1331: sommo le cifre di posto dispari, 1+3=4 e di posto pari 3+1=4. Faccio la differenza 4-4=0, quindi 1331 è divisibile per 11.

506: sommo le cifre dispari 5+6=11. La cifra pari è una sola ed è 0. Sottraggo 11-0=11, quindi 506 è divisibile per 11.

È possibile, in realtà, stabilire dei criteri di divisibilità anche per numeri non primi (es. 4, 6, 9), ma ritengo superfluo memorizzarli poiché iterando più volte i criteri visti, raggiungeremmo ugualmente i risultati desiderati.

4.2. Scomposizione in fattori primi

In aritmetica, la principale applicazione dei criteri di divisibilità è la **scomposizione** in fattori primi.

Scomporre in fattori significa esprimere un numero come prodotto di numeri primi.

Passiamo subito alla pratica, per comprendere il concetto. Proviamo a scomporre il numero 2772:

2772	

Tracciamo una linea verticale: alla sua destra scriveremo il numero per cui dividiamo e a sinistra il risultato della divisione. Passiamo in rassegna i criteri di divisibilità per capire per quale numero primo è divisibile 2772.

È divisibile per 2? L'ultima cifra è pari, quindi sì.

2772	2
1386	

Per lo stesso ragionamento di prima anche 1386 è divisibile per 2.

2772	2
1386	2
693	

693 non è più divisibile per 2, ma possiamo verificare se è divisibile per 3. Sommiamo le cifre: 6+9+3=18 che è un multiplo di 3, quindi 693 è divisibile per 3.

2772	2
1386	2
693	3
231	

Per lo stesso ragionamento precedente 2+3+1=6, quindi 231 è divisibile ancora per 3.

2772	2
1386	2
693	3
231	3
77	

77 si vede lampantemente che è divisibile per 7, essendo il prodotto di 7 x 11.

2772	2
1386	2
693	3
231	3
77	7
11	11
1	

Abbiamo concluso la scomposizione e possiamo, quindi definire 2772 come prodotto di numeri primi:

$$2772 = 2^2 \cdot 3^2 \cdot 7 \cdot 11$$

Esercizi

Scomponi i seguenti numeri in fattori primi:

1188, 462, 168, 4851

SOLUZIONI

$$1188 = 2^2 \cdot 3^3 \cdot 11$$
$$462 = 2 \cdot 11 \cdot 7 \cdot 3$$
$$168 = 2^3 \cdot 7 \cdot 3$$
$$4851 = 11 \cdot 3^2 \cdot 7^2$$

I segreti svelati in questo capitolo

Hai compiuto un altro passo avanti nella conoscenza della matematica!

Cosa abbiamo imparato?

1. Abbiamo compreso quanto importante sia il concetto di **divisibilità** nell'utilizzo quotidiano della matematica.

2. Abbiamo definito il concetto **di numero primo**.

3. Abbiamo imparato i **criteri** che ci consentono di stabilire se un numero è divisibile per alcuni dei più piccoli e importanti numeri primi.

4. Abbiamo utilizzato i criteri di divisibilità per **scomporre** in fattori primi i numeri.

5. LE FRAZIONI

Nel precedente capitolo abbiamo introdotto il concetto di divisibilità, che è strettamente legato a quello di divisione.

All'atto pratico, abbiamo visto come i criteri di divisibilità, infatti, sostituiscono l'operazione di divisione con operazioni più elementari.

Come possiamo esprimere, però, un **rapporto** tra due numeri se non con il simbolo classico della divisione?

Come posso esprimere una **porzione di un totale** in termini matematici?

A questa esigenza rispondono le frazioni.

5.1. Cos'è una frazione

Immagina di avere davanti ai tuoi occhi una splendida pizza divisa in otto spicchi.

Di questa pizza mangi tre spicchi, quindi avrai preso tre spicchi su un totale di 8.

Per esprimere ciò in termini matematici utilizziamo una frazione:

$$\frac{3}{8}$$

Dove il 3 rappresenta il **numeratore** e l'8 il **denominatore** e la leggeremo come "tre ottavi".

Il numeratore esprime le parti che vanno prese in considerazione, mentre il denominatore indica il totale delle parti.

A tutti gli effetti, quel simbolo di frazione tra numeratore e denominatore indica una divisione:

$$\frac{3}{8} = 3 : 8 = 0.375$$

Risulta quindi totalmente equivalente dire di aver mangiato i tre ottavi oppure 0.375 su un'unità.

Di questa frazione possiamo individuare anche la sua **complementare**, ovvero la porzione mancante per completare l'intero, nel nostro caso per raggiungere gli 8/8 abbiamo bisogno di una frazione complementare di 5/8.

5.2. Frazioni proprie, improprie e apparenti

Quella che abbiamo scritto precedentemente è un classico esempio di frazione propria. Infatti, si definisce **frazione propria** una frazione in cui il numeratore è minore del denominatore.

$$\frac{N}{D} \; con \; N < D$$

Sono, invece, **frazioni improprie** quelle in cui il numeratore è maggiore del denominatore.

$$\frac{N}{D} \; con \; N > D$$

Le chiamiamo improprie perché sono rapporti in cui la porzione dell'intero (il numeratore) è maggiore dell'intero stesso (il denominatore).

Ad esempio, 9/8 è una frazione impropria.

Immagina la stessa pizza di prima, anche questa volta divisa in otto spicchi.

È impossibile che tu ne riesca a mangiare i 9/8, a meno che non abbia un'altra pizza a disposizione.

Definiamo, inoltre, **frazioni apparenti** quelle frazioni in cui il numeratore è un multiplo del denominatore o è proprio uguale al denominatore.

$$\frac{N}{D}\ con\ N = D\ oppure\ N = n \cdot D\ con\ n\ numero\ naturale$$

Ad esempio, 5/5=1 è una frazione apparente, oppure 12/6=2.

In aritmetica, generalmente, si procede alla semplificazione delle frazioni apparenti, per agevolare i calcoli, ma della riduzione delle frazioni ai minimi termini ce ne occuperemo a breve.

5.3. Riduzione di una frazione ai minimi termini

Abbiamo già visto come nel caso delle frazioni apparenti sia possibile ottenere una semplificazione di quel rapporto, dato che il numeratore risulta essere un multiplo del denominatore.

Può capitare, però, che il numeratore e il denominatore, pur non essendo l'uno multiplo dell'altro, siano divisibili per uno o più dividendi comuni.

In quel caso, ridurre la frazione, significa dividere numeratore e denominatore per gli stessi numeri, ottenendo una **frazione equivalente**.

In aritmetica lo si fa ed è importante farlo per semplificare i calcoli perché, in fondo, nemmeno ai matematici piace complicarsi la vita.

Come al solito, passiamo ad un esempio pratico per afferrare il concetto.

Prendiamo la frazione:

$$\frac{126}{924}$$

Abbiamo imparato come scomporre in fattori primi i numeri. Facciamolo sia per il numeratore che per il denominatore.

126	2		924	2
63	3		462	2
21	3		231	3
7	7		77	7
1			11	11
			1	

$$\frac{126}{924} = \frac{2 \cdot 3 \cdot 3 \cdot 7}{2 \cdot 2 \cdot 3 \cdot 7 \cdot 11}$$

Semplifichiamo i termini uguali al numeratore e al denominatore:

$$\frac{126}{924} = \frac{\cancel{2} \cdot \cancel{3} \cdot 3 \cdot \cancel{7}}{\cancel{2} \cdot 2 \cdot \cancel{3} \cdot \cancel{7} \cdot 11}$$

Ciò che rimane è:

$$\frac{126}{924} = \frac{3}{2 \cdot 11} = \frac{3}{22}$$

Abbiamo ottenuto, così facendo, una frazione equivalente decisamente più semplice.

Quando avrai familiarità con questo concetto, non avrai più bisogno di effettuare prima la scomposizione in fattori primi e poi la semplificazione dei fattori comuni.

Piuttosto, guardando la frazione e ricordando i criteri di divisibilità, dividerai di volta in volta il numeratore e il denominatore per uno stesso numero per il quale sono entrambi divisibili.

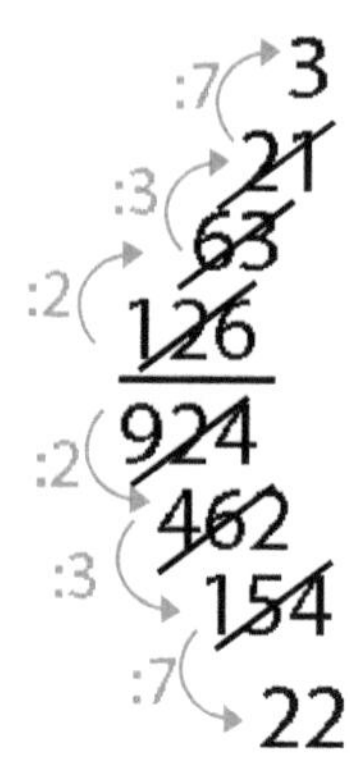

5.4. MCD e mcm

Proseguiamo con alcune utili applicazioni della scomposizione in fattori primi. Una di queste è il cosiddetto **massimo comune divisore** (MCD).

Come suggerisce il nome, il MCD di due o più numeri è il divisore più grande in comune tra quei numeri. L'utilizzo principale, ancora una volta, è quello di agevolarci la vita nell'uso delle frazioni.

Non rimane che capire come si calcola praticamente questo MCD.

Immaginiamo di volerlo calcolare per i numeri 5544 e 3234. Per prima cosa vanno scomposti in fattori primi, come abbiamo imparato a fare.

5544	2
2772	2
1386	2
693	3
231	3
77	7
11	11
1	

3234	2
1617	3
539	7
77	7
11	11
1	

Per cui possiamo scrivere che:

$$5544 = 2^3 \cdot 3^2 \cdot 7 \cdot 11$$
$$3234 = 2 \cdot 3 \cdot 7^2 \cdot 11$$

Per trovare il MCD dovrò moltiplicare i fattori comuni con il minimo esponente presente:

$$MCD = 2 \cdot 3 \cdot 7 \cdot 11 = 462$$

Ho trovato il numero più grande per il quale posso dividere sia 5544 che 3234.

Altrettanto utile è il **minimo comune multiplo** che, come vedremo a breve, si usa ogni volta che vogliamo sommare frazioni con denominatori diversi.

Ancora una volta, come suggerisce il nome, il mcm di due o più numeri è il più piccolo multiplo di quei numeri.

Immaginiamo di voler calcolare il mcm degli stessi numeri di prima, ovvero 5544 e 3234.

Anche in questo caso faremmo la scomposizione in fattori primi, che porterebbe al risultato già visto:

$$5544 = 2^3 \cdot 3^2 \cdot 7 \cdot 11$$
$$3234 = 2 \cdot 3 \cdot 7^2 \cdot 11$$

Per trovare il mcm devo moltiplicare fattori comuni e non comuni con il massimo esponente:

$$mcm = 2^3 \cdot 3^2 \cdot 7^2 \cdot 11 = 38808$$

5.5. Confronto tra frazioni

Se ti chiedessi di dirmi qual è il numero maggiore tra 27 e 52, credo che, senza battere ciglio, mi daresti la risposta giusta.

Ma se, invece, ti chiedessi chi è più grande tra 27/144 e 18/72?

La risposta, sicuramente, non è immediata.
Potresti pensare di fare la divisione e confrontare il risultato:

$$\frac{27}{144} = 0.1875$$
$$\frac{18}{72} = 0.25$$

Dopo questo calcolo risulterebbe palese che:

$$\frac{18}{72} > \frac{27}{144}$$

Tuttavia, esistono altri metodi per confrontare tra di loro due o più frazioni.

1) **Frazioni con lo stesso denominatore**

In questo caso il confronto è semplice, poiché basterà confrontare i numeratori.

Ad esempio:

$$\frac{17}{21} > \frac{2}{21}$$

poiché 17>2.

Chiaramente, se oltre al denominatore dovesse essere uguale anche il numeratore le frazioni risulterebbero congruenti.

2) **Frazioni con diverso denominatore**

È il caso dell'esempio di inizio paragrafo, dove il confronto non risulta affatto immediato.

Immaginiamo di voler capire tra quelle stesse frazioni quale è maggiore, senza utilizzare la divisione.

Per prima cosa calcoliamo il mcm tra i denominatori:

$$\begin{aligned} 144 &= 2^4 \cdot 3^2 \\ 72 &= 2^3 \cdot 3^2 \\ mcm &= 2^4 \cdot 3^2 = 144 \end{aligned}$$

Ora è necessario scrivere entrambe le frazioni in maniera tale che abbiano come denominatore il mcm. Il nuovo numeratore si può ottenere dividendo il mcm per il denominatore originale e moltiplicandolo per il numeratore.

Nel nostro esempio 27/144 rimarrà invariata perché ha già il mcm per denominatore, mentre 18/72 va modificata in una nuova frazione equivalente che avrà per denominatore il mcm e per numeratore:

$$144 : 72 \cdot 18 = 36$$

Quindi, le due nuove frazioni da confrontare sono 27/144 e 36/144, dove risulta evidente che:

$$\frac{36}{144} > \frac{27}{144}$$
$$con\ \frac{36}{144} = \frac{18}{72}$$

Quindi, abbiamo nuovamente dimostrato quanto visto ad inizio paragrafo, ma senza ricorrere alla divisione tra numeratore e denominatore.

Questo confronto, inoltre, ci ha anche fatto capire che se moltiplico o divido numeratore e denominatore per lo stesso numero ottengo una frazione equivalente.

Esercizi

1. Riduci ai minimi termini le frazioni proposte.

$$\frac{11}{66}; \frac{99}{3234}; \frac{6}{72}; \frac{343}{6804}; \frac{875}{9800}; \frac{84}{1000}; \frac{81}{333}; \frac{2}{8}$$

2. Confronta le frazioni ottenute nell'esercizio 1 per capire qual è la più grande.

3. Trova il MCD e il mcm tra i seguenti numeri:

$$180; 81; 99; 165$$

4. Risolvi il seguente problema: "Mara, per il suo compleanno vuole portare ai suoi amici dei cioccolatini. Compra 150 cioccolatini al latte, 100 fondenti e 25 al cioccolato bianco. Qual è il numero massimo di confezioni identiche che può preparare per i suoi amici usando tutti i tipi di cioccolatini?". Suggerimento: ricorda cosa abbiamo studiato in questo capitolo.

SOLUZIONI

1. $\frac{1}{6}; \frac{3}{98}; \frac{1}{12}; \frac{49}{972}; \frac{5}{56}; \frac{21}{250}; \frac{9}{37}; \frac{1}{4}$

2. $\frac{1}{4}$

3. $MCD = 3; mcm = 17820$

4. Per risolverlo è sufficiente fare il MCD tra i numeri 150, 100 e 25:

$MCD = 25$

I segreti svelati in questo capitolo

Scommetto che nella tua testa ruotano numeri a cavallo della loro linea di frazione.

Ordiniamo le idee e vediamo cosa abbiamo imparato!

1. Abbiamo imparato cosa sono le **frazioni** e quanto spesso le incontriamo nella nostra quotidianità.

2. Abbiamo imparato a distinguere le **frazioni proprie, improprie e apparenti**.

3. Siamo riusciti a comprendere come semplificare le frazioni riducendole ai **minimi termini**.

4. Abbiamo imparato a calcolare **il massimo comune divisore** e **il minimo comune multiplo**, comprendendo quando possiamo utilizzare questa nostra abilità.

5. Abbiamo sfruttato il mcm per poter **confrontare tra di loro frazioni** con denominatore differente.

Non so se per te sia una buona o una cattiva notizia, ma con le frazioni abbiamo letteralmente "un conto" in sospeso.

6. OPERAZIONI TRA FRAZIONI

All'inizio di questo viaggio matematico abbiamo dato per assodate le quattro operazioni e l'elevamento a potenza, ma come facciamo queste stesse operazioni con le frazioni?

6.1. Somma e sottrazione

1) **Somma di frazioni**

Se della nostra famosa pizza, mangi prima due spicchi, poi altri tre, come mostrato in figura, avrai mangiato:

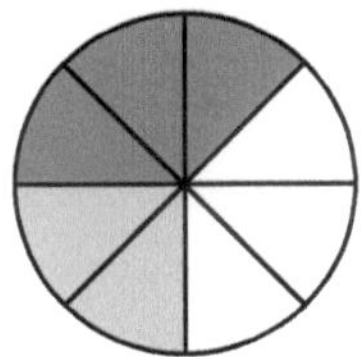

$$\frac{2}{8}+\frac{3}{8}=\frac{5}{8}$$

In questo semplice caso abbiamo sommato due frazioni di uno stesso intero e quindi con lo stesso denominatore. Per risultato, infatti, abbiamo ottenuto una frazione che ha per denominatore lo stesso degli addendi e per numeratore la somma dei numeratori.

Se le frazioni non hanno lo stesso denominatore?

In questo caso dovremo prima fare in modo che abbiano tutte lo stesso denominatore. Per poterlo fare useremo come denominatore comune il mcm dei denominatori che, per questo motivo, chiamiamo **minimo comune denominatore** (mcd).

Facciamo un esempio:

$$\frac{2}{9}+\frac{3}{4}+\frac{7}{12}$$

Il mcd lo troviamo come già visto moltiplicando i fattori comuni e non comuni con il massimo esponente tra tutti i denominatori:

$$9=3^2;\ 4=2^2;\ 12=2^2\cdot 3$$
$$mcd=2^2\cdot 3^2=36$$

Come già visto per il confronto tra frazioni, adesso possiamo ottenere tre frazioni che hanno lo stesso denominatore, cioè il mcd.
Per trovare i nuovi numeratori dividiamo il mcd per il denominatore originale e lo moltiplichiamo per il numeratore:

$$\frac{2}{9}+\frac{3}{4}+\frac{7}{12}=\frac{8}{36}+\frac{27}{36}+\frac{21}{36}=\frac{8+27+21}{36}=\frac{56}{36}$$

Volendo, il risultato può essere semplificato, riducendo come già visto la frazione ai minimi termini:

$$\frac{56}{36} = \frac{14}{9}$$

2) **Differenza di frazioni**

Per questa operazione vale esattamente lo stesso discorso fatto per l'addizione. Nel caso in cui abbiamo lo stesso denominatore basterà fare la differenza dei numeratori. Ad esempio:

$$\frac{4}{9} - \frac{1}{9} = \frac{4-1}{9} = \frac{3}{9} = \frac{1}{3}$$

Se il denominatore dovesse essere diverso, anche qui va calcolato il mcd. Ad esempio:

$$\frac{17}{3} - \frac{3}{4} = \frac{68}{12} - \frac{9}{4} = \frac{68-9}{12} = \frac{59}{12}$$

Avrai notato che in questo esempio, come anche nel precedente, non ho calcolato nel dettaglio il mcm (ovvero il mcd), perché abbiamo spiegato precedentemente come farlo in maniera accurata.

Se alcuni di questi passaggi non ti fossero chiari, non aver timore di sfogliare le pagine dei giorni precedenti per schiarirti le idee.

6.2. Prodotto e divisione

Passiamo adesso, alle altre due operazioni fondamentali che possiamo svolgere tra frazioni.

1) **Prodotto di frazioni**

Il prodotto di due o più frazioni è molto più semplice di quanto tu possa immaginare. Il risultato, infatti, sarà una frazione che avrà per numeratore il prodotto dei numeratori e per denominatore il prodotto dei denominatori.

Ad esempio:

$$\frac{2}{3} \cdot \frac{3}{4} \cdot \frac{5}{9} = \frac{2 \cdot 3 \cdot 5}{3 \cdot 4 \cdot 9} = \frac{30}{108}$$

Possiamo poi semplificare il risultato, riducendolo ai minimi termini:

$$\frac{30}{108} = \frac{5}{18}$$

Tuttavia, per semplificare i calcoli possiamo effettuare la riduzione ai minimi termini quando ancora il prodotto non è calcolato, anticipando quello che faremmo successivamente scomponendo il risultato:

$$\frac{2}{3}\cdot\frac{3}{4}\cdot\frac{5}{9}=\frac{\cancel{2}\cdot\cancel{3}\cdot 5}{\cancel{3}\cdot\cancel{4}_{2}\cdot 9}=\frac{5}{18}$$

2) **Quoziente di frazioni**

Per il rapporto tra due frazioni non devi imparare nulla di nuovo, perché viene ricondotto ad un prodotto. Il rapporto tra due frazioni, infatti, non è altro che il prodotto tra la prima frazione e l'inversa della seconda, dove per **inversa** si intende una frazione in cui scambio di posto il numeratore e il denominatore. Vale quindi la regola generale seguente:

$$\frac{A}{B}:\frac{C}{D}=\frac{A}{B}\cdot\frac{D}{C}$$

Ad esempio:

$$\frac{3}{2}:\frac{7}{4}=\frac{3}{\cancel{2}}\cdot\frac{\cancel{4}^{2}}{7}=\frac{6}{7}$$

Naturalmente, se dovessimo eseguire più rapporti in fila, useremmo la stessa tecnica due frazioni alla volta.

Nota bene: se qualsiasi delle operazioni passate in rassegna fosse eseguita tra un numero e una frazione puoi utilizzare le stesse regole e trasformare il numero come una frazione che ha per denominatore 1.

Ad esempio:

$$\frac{3}{2} + 2 = \frac{3}{2} + \frac{2}{1} = \frac{3+4}{2} = \frac{7}{2}$$

6.3. Potenze

Come ricorderai, attingendo al bagaglio con cui hai cominciato questo viaggio, una **potenza** non è altro che il prodotto di un numero (o una frazione in questo caso) per se stesso, tante volte quante indicate nella cifra dell'esponente.

Ad esempio:

$$\left(\frac{3}{2}\right)^3 = \frac{3}{2} \cdot \frac{3}{2} \cdot \frac{3}{2}$$

quindi nulla ci impedirebbe di eseguire questo prodotto come mostrato nel paragrafo precedente. Tuttavia, per una frazione, l'elevamento a potenza vale contemporaneamente sia per il numeratore che per il denominatore, quindi posso anche scrivere:

$$\left(\frac{3}{2}\right)^3 = \frac{3^3}{2^3}$$

Continua a valere, ovviamente, anche per le potenze la regola per cui **elevare una base a 0** fornirà come risultato 1:

$$\left(\frac{N}{D}\right)^0 = 1$$

Cosa succede se, invece, l'esponente fosse un **numero negativo**? Si può cambiare di segno l'esponente e invertire numeratore e denominatore, in questo modo:

$$\left(\frac{N}{D}\right)^{-x} = \left(\frac{D}{N}\right)^{x}$$

Anche per le potenze di frazioni, naturalmente, continuano a valere le **proprietà delle potenze** generiche, che qui riportiamo per rinfrescare la memoria.

$$1)\ \left(\frac{N}{D}\right)^{m} \cdot \left(\frac{N}{D}\right)^{n} = \left(\frac{N}{D}\right)^{m+n}$$

$$2)\ \left(\frac{N}{D}\right)^{m} : \left(\frac{N}{D}\right)^{n} = \left(\frac{N}{D}\right)^{m-n}$$

$$3)\ \left[\left(\frac{N}{D}\right)^{m}\right]^{n} = \left(\frac{N}{D}\right)^{m \cdot n}$$

$$4)\ \left(\frac{N}{D}\right)^{m} \cdot \left(\frac{K}{H}\right)^{m} = \left(\frac{N}{D} \cdot \frac{K}{H}\right)^{m}$$

$$5)\ \left(\frac{N}{D}\right)^{m} : \left(\frac{K}{H}\right)^{m} = \left(\frac{N}{D} : \frac{K}{H}\right)^{m}$$

Esercizi

$$1)\ \frac{1}{2}+\frac{7}{4}$$
$$2)\ \frac{9}{2}-\frac{3}{2}$$
$$3)\ \frac{2}{3}\cdot\frac{4}{3}$$
$$4)\ \frac{12}{7}:\frac{6}{21}$$
$$5)\ \left(\frac{1}{7}\right)^2$$
$$6)\ \frac{1}{2}+\frac{1}{3}-\left(\frac{2}{3}-\frac{1}{3}-\frac{1}{6}\right)$$
$$7)\ \left[\left(\frac{1}{3}-\frac{1}{6}+\frac{1}{2}\right)\cdot\left(\frac{1}{2}:4+\frac{1}{2}\right)+\left(2-\frac{5}{3}\right)\right]\cdot\frac{20}{27}-\frac{1}{6}$$

SOLUZIONI

$$1)\ \frac{9}{4};\ 2)\ \frac{6}{2}=3;\ 3)\ \frac{8}{9};\ 4)\ 6;\ 5)\frac{1}{49};\ 6)\frac{2}{3};\ 7)\frac{7}{18}$$

I segreti svelati in questo capitolo

Dopo aver fatto un'altra scorpacciata di frazioni, vediamo cosa abbiamo imparato!

Possiamo raccogliere il sapere di questa giornata in "soltanto" una parola: **operazioni con le frazioni.**

Ormai non hanno più segreti per noi, sappiamo maneggiarle e combinarle tra loro senza difficoltà.

7. PROPORZIONI E PROPORZIONALITÁ

7.1. Proporzioni e loro utilizzo

Non so quale relazione tu abbia con la cucina e quanto tempo tu trascorra ai fornelli, ma se il tuo piatto forte non è la pasta asciutta e ti impegoli in ricette un tantino più complesse avrai sicuramente dovuto affrontare il problema delle **proporzioni**.

Se il tuo amato libro di ricette suggerisce gli ingredienti necessari per sei pancake, ma tu ne vuoi cucinare soltanto quattro e sei pignolo, come si fa?

RICETTA DEI PANCAKE (6 porzioni)

175 ml di latte intero
115 g di farina 00
40 g di zucchero
½ bustina di lievito per dolci
½ cucchiaino di bicarbonato
1 uovo
Un pizzico di sale
Olio di semi
Immaginiamo di voler sapere di quanto latte abbiamo bisogno per i nostri quattro pancake.

Se per sei pancake dobbiamo utilizzarne 175 ml, chiamando "x" la nuova quantità per quattro pancake, basterà fare la seguente operazione:

$$x = \frac{175}{6} \cdot 4$$

Indubbiamente è un'operazione intuitiva, ma è molto vicina ad una proporzione. Anzi, se la scriviamo come segue è a tutti gli effetti una proporzione:

$$175 : 6 = x : 4$$

Una proporzione, infatti, si presenta nella classica forma:

$$a : b = c : d$$

Oppure:

$$\frac{a}{b} = \frac{c}{d}$$

Dove a e d sono gli **estremi** della proporzione, mentre b e c si chiamano **medi**.

Il concetto di proporzione è molto semplice e, come puoi vedere, altro non è che un modo per definire l'uguaglianza di due frazioni.

Perché lo studiamo allora?

Perché grazie ad alcune proprietà delle proporzioni, impareremo a sfruttare meglio questa uguaglianza.

La proporzione sopra riportata si legge così: "a sta a b come c sta a d".

Concentriamoci, quindi, su alcune specifiche **proprietà delle proporzioni**.

1) Proprietà fondamentale

$$a \cdot d = b \cdot c$$

Il prodotto degli estremi è uguale al prodotto dei medi.

2) Proprietà dell'invertire

$$b : a = d : c$$

Invertendo ciascun medio con il corrispondente estremo il risultato non cambia.

3) Permutare degli estremi

$$d : b = c : a$$

Se inverto la posizione degli estremi il risultato non cambia.

4) Permutare dei medi

$$a : c = b : d$$

Se inverto la posizione dei medi il risultato non cambia.

5) Proprietà del comporre

$$(a + b) : a = (c + d) : c$$
$$(a + b) : b = (c + d) : d$$

6) Proprietà dello scomporre

$$(a - b) : a = (c - d) : c$$
$$(a - b) : b = (c - d) : d$$

Tornando all'esempio della nostra ricetta, quindi se voglio ricavare la x utilizzo la proprietà fondamentale:

$$175 \cdot 4 = 6 \cdot x$$

Ora mi basterà dividere per il coefficiente della x per trovare l'incognita:

$$x = \frac{175 \cdot 4}{6}$$

Che è esattamente quell'operazione intuitiva che avevamo fatto inizialmente.

7.2. Proporzionalità diretta e inversa

Abbiamo capito che il concetto di proporzione e di proporzionalità ci comunicano in che rapporto sono tra di loro due grandezze.

In che modo, però possono essere proporzionali due grandezze? Immaginiamo di chiamare tali grandezze A e B e che queste ultime siano legate dalle relazioni che esplicitiamo nei grafici sottostanti.

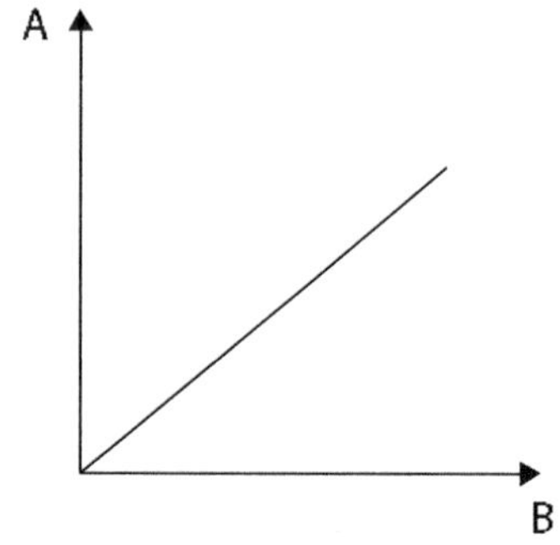

Come vediamo, al crescere di B, cresce anche A. Se accade ciò, possiamo affermare che A e B sono **direttamente proporzionali** che, in matematichese, si scrive:

$$A \propto B$$

e si legge: "A è direttamente proporzionale a B". Possiamo, in alternativa scrivere:

$$\frac{A}{B} = cost$$

Infatti, due grandezze sono direttamente proporzionali quando il loro rapporto è costante.

Possiamo dire la stessa cosa affermando che A e B sono direttamente proporzionali se esiste un valore c tale per cui:

$$A = c \cdot B$$

Immagina, ad esempio, che quella A sia la massa di un oggetto e che B sia il suo volume. Massa e volume sono due grandezze direttamente proporzionali perché all'aumentare dell'una aumenta anche l'altra. Infatti, noti il volume V e la densità ϱ, posso calcolare la massa come:

$$m = \rho \cdot V$$

Se poni attenzione, infatti, questa formulazione della massa ha esattamente lo stesso aspetto della precedente equazione della diretta proporzionalità, dove A è la massa, c la densità e B il volume.

Se, invece, le grandezze A e B fossero legate dal seguente grafico?

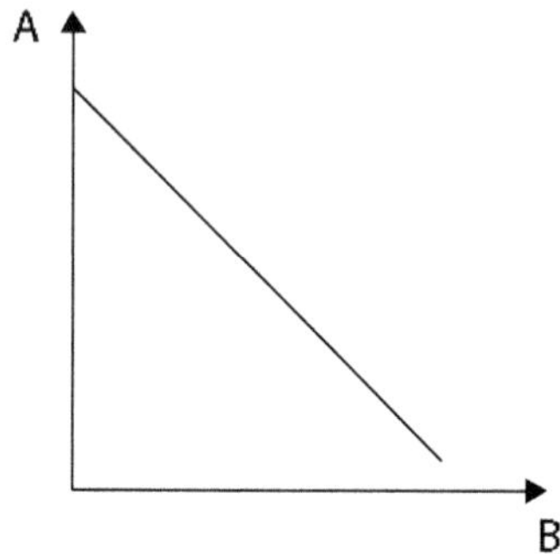

In questo caso al crescere di B diminuisce A e viceversa e le due grandezze si dicono **inversamente proporzionali**. Per due grandezze inversamente proporzionali non è più il loro rapporto ad essere costante, ma il loro prodotto:

$$A \cdot B = cost$$

E analogamente, possiamo affermare che esiste un valore c per cui:

$$A = c \cdot \frac{1}{B}$$

Nell'intento di fare ancora un esempio che coinvolga una grandezza fisica, nota una superficie A e immaginando di applicare una forza costante F perpendicolarmente a quella superficie, posso calcolare la pressione come:

$$P = \frac{F}{A}$$

Anche in questo caso noto l'analogia con l'equazione della proporzionalità inversa. Infatti, considerando la forza costante, allora A è la nostra pressione, F la costante c e B la superficie.

7.3. Problemi del tre semplice diretto

Affrontiamo un esempio pratico e, in realtà, molto semplice di problemi in cui dobbiamo utilizzare il concetto di **proporzionalità diretta e inversa**, a dimostrazione che ciò che impariamo non è soltanto una tediosa formulazione matematica, ma ha applicazioni estremamente pratiche, fortunatamente.

Non so se tu sia patentato e se non lo fossi non vorrei spingerti a infrangere la legge mettendoti al volante, ma immagina di sederti alla guida di una bella vettura sportiva. Dopo aver percorso 100 km osservi l'indicatore del serbatoio e vedi che sono stati consumati 16 litri di carburante.

Immaginando che tu abbia il cruise control inserito e riesci, quindi, a mantenere una velocità costante, quanti litri di carburante consumerai per i prossimi 127 km che ti separano dall'uscita dal casello? Possiamo riassumere i dati di questo problema nella seguente tabella.

Carburante	Chilometri
16 l ↓	100 km ↓
x	127 km

Per risolvere il problema non dobbiamo fare altro che utilizzare una proporzione, seguendo il verso delle frecce. Quindi scriviamo:

$$16 : x = 100 : 127$$

Ricavando la x con le regole viste per le proporzioni, otteniamo:

$$x = \frac{16 \cdot 127}{100} = 20.32$$

Abbiamo appena dedotto che per percorrere 127 km sono necessari 20.32 litri di carburante. Si tratta, evidentemente, di una proporzionalità diretta, poiché al crescere del chilometraggio cresce anche la quantità di carburante necessaria per percorrerlo.

Per questo motivo questa tipologia di problemi viene definita "del tre semplice diretto". "Tre" perché sono note tre grandezze (tre termini della proporzione) e "diretto" per il tipo di proporzionalità che esiste tra le grandezze.

7.4. Problemi del tre semplice inverso

Come possiamo dedurre da quanto affermato nel paragrafo precedente, il problema del tre semplice inverso, ci fornisce tre dati che vanno organizzati in una proporzione che descrive, però una proporzionalità inversa. Facciamo subito un esempio per tuffarci nella questione.

Immagina di voler organizzare una gita in montagna con gli amici. Siete in sette e prepari tanto cibo da poter rimanere fuori casa per i tre giorni stabiliti. All'ultimo momento due amici decidono di non partecipare più. Per quanti giorni basterebbe, potenzialmente, il cibo a te e i tuoi amici rimanenti? Organizziamo nuovamente i dati in una tabella.

Partecipanti	Giorni
7 ↓	3 ↑
5	x

Scriviamo la proporzione, notando che, questa volta, il verso delle frecce è opposto, poiché siamo di fronte ad un caso di inversa proporzionalità. Infatti, meno partecipanti ci sono, più a lungo ci aspettiamo che durino le risorse.

$$7 : 5 = x : 3$$

Da cui ricaviamo:

$$x = \frac{7 \cdot 3}{5} = 4.2$$

Abbiamo dedotto che, con due partecipanti in meno, il cibo durerebbe quattro giorni.

Esercizi

Risolvi i seguenti problemi con le tecniche del tre semplice diretto o inverso.

1. Un album di 180 pagine contiene 10 figurine per pagina. Di quante pagine dovrebbe essere se dovesse contenere solo 9 figurine per pagina?

2. Un artista ha guadagnato 400 euro vendendo 80 copie del suo quadro. Quante dovrebbe venderne per guadagnare 700 euro?

3. In una giornata, uno zoo ha ospitato 800 persone per un incasso complessivo di 9600 euro. Il giorno seguente ha visto entrare soltanto 720 persone. Quanto avrà guadagnato?

4. Se per andare da casa a lavoro, Luca impiega 4 minuti percorrendo la strada con una velocità costante di 60 km/h, quanto tempo impiegherebbe viaggiando ad 80 km/h?

SOLUZIONI

1. 200

2. 140

3. 8640;

4. 3

I segreti svelati in questo capitolo

Tiriamo le somme per essere fieri di quanto abbiamo appreso in questo capitolo. S

1. Abbiamo imparato cosa sono le **proporzioni** e quanto siano calcoli che eseguiamo inconsapevolmente nella nostra quotidianità.

2. Abbiamo imparato a distinguere la **proporzionalità diretta** e quella **inversa** perché, in fondo, la vita è fatta a scale: c'è chi scende e c'è chi sale.

3. Abbiamo visto degli esempi applicativi grazie ai metodi di risoluzione del **tre semplice diretto e inverso**, perché la teoria è bella, ma ci piace di più mettere le mani in pasta.

8. MONOMI E POLINOMI

8.1. Espressioni letterali

È piuttosto intuitivo comprendere che un'espressione letterale è tale quando combina una parte numerica e una letterale.

Ad esempio, se voglio esprimere l'area di un generico triangolo come il semiprodotto di base e altezza, scriverò:

$$A = \frac{b \cdot h}{2}$$

Questa è, a tutti gli effetti, un'espressione letterale. Con le espressioni letterali è possibile fare tutte le operazioni elementari, ricordando che possono essere sommate o sottratte soltanto le parti letterali uguali, ma approfondiremo il concetto tra poco.

8.2. Monomi

I monomi sono, a tutti gli effetti, la prima espressione letterale di cui ci occuperemo. Essi rappresentano, infatti, il prodotto tra una parte letterale e una numerica. Ad esempio:

$$5a^2$$

È un monomio, perché rispetta la definizione che abbiamo appena dato. Anche il seguente è un esempio di monomio:

$$5a^2b^3$$

Dove vediamo che la parte letterale è costituita dal prodotto di due potenze di a e b. Bisogna ricordare che possono coesistere diverse parti letterali nel monomio, ma soltanto moltiplicate tra loro.
Ad esempio:

$$5(a^2 + b^3)$$

non è un monomio, perché le parti letterali sono sommate tra loro.

La parte numerica si chiama **coefficiente** e può essere un numero reale qualsiasi.

Nel caso in cui il coefficiente sia 1, può essere omesso dalla scrittura:

$$1ab^2c^7 = ab^2c^7$$

Prendendo il monomio $5a^2b^3$, diremo che si tratta di un monomio di grado 2 rispetto alla lettera a e di grado 3 rispetto a b, dove il **grado** rappresenta l'esponente delle parti letterali.

Complessivamente, invece, il monomio $5a^2b^3$ avrà un grado dato dalla somma degli esponenti, ovvero 5. Affinché si possa parlare di monomi, è importante che gli esponenti siano positivi.

Ad esempio:

$$ab^{-1}$$

non è un monomio, poiché l'esponente di b è negativo. Infatti, questa stessa espressione potrebbe essere scritta come segue:

$$ab^{-1} = \frac{a}{b}$$

in cui, chiaramente, le due parti letterali non sono moltiplicate tra loro. Inoltre, è necessario che l'esponente delle parti letterali non sia nemmeno fratto, ad esempio:

$$4ab\sqrt{c} = 4abc^{\frac{1}{2}}$$

non è un monomio.

I monomi così come li abbiamo visti fino ad ora, cioè come prodotto di un numero per potenze letterali, si dicono in **forma normale**.

Un monomio del tipo:

$$\frac{5}{3} \cdot \frac{9}{5} a^2 bca^3$$

non è scritto in forma normale, poiché ci sono due coefficienti numerici e ci sono potenze letterali con la stessa base, nel caso specifico la a. Tuttavia, è possibile riportarlo in forma normale svolgendo gli opportuni calcoli:

$$\frac{5}{3} \cdot \frac{9}{5} a^2 bca^3 = 3a^5 bc$$

Due monomi ridotti in forma normale che possiedono la stessa parte letterale, si dicono **simili** e sono sommabili tra di loro.

Ad esempio:

$$\frac{2}{3}ab^3$$
$$4ab^3$$

sono monomi simili e, volendo sommarli, otterremmo:

$$\frac{2}{3}ab^3 + 4ab^3 = \frac{2+12}{3}ab^3 = \frac{14}{3}ab^3$$

Evidentemente, due monomi diventano **uguali** se, oltre alla parte letterale, coincide anche il coefficiente numerico.

Sono, invece, **opposti** due monomi uguali sia nella parte letterale che in quella numerica, ma di segno opposto.

Ad esempio:

$$\frac{3}{7}a^7b^3cd^5$$
$$-\frac{3}{7}a^7b^3cd^5$$

8.3. Polinomi

I polinomi sono espressioni letterali costituite da **somme e differenze di monomi**.

Puoi immaginare i monomi come fossero dei piccoli mattoncini, che uniti formano una costruzione più complessa che è quella dei polinomi. Per indicare un polinomio, utilizziamo una lettera maiuscola seguita, tra parentesi, dalle lettere delle quali è funzione, ovvero delle lettere che troveremo nella sua espressione.

Ad esempio:

$$P(x, y, z) = 27x^2 + 3x + 6xy + z$$

Anche in questo caso, possiamo dire che un polinomio è in **forma normale** quando tutti i monomi simili o le parti numeriche sono stati sommati algebricamente tra di loro e non possono essere effettuati ulteriori semplificazioni.

Ad esempio:

$$P(x, y) = 3x^2 + 3x + 4 - 17x^2 + 21 + 7y + 6y^2 - 3y + 4x$$

non è un polinomio in forma normale, ma possiamo ridurlo operando gli opportuni calcoli:

$$
\begin{aligned}
3x^2 + 3x + 4 - 17x^2 + 21 + 7y + 6y^2 - 3y + 4x = \\
= -14x^2 + 7x + 6y^2 + 4y + 25
\end{aligned}
$$

Possiamo scegliere di chiamare, più nel dettaglio, il polinomio in base al numero di termini che lo compongono.

Ad esempio, se è formato da due soli monomi sarà un **binomio**, se composto da tre termini sarà un **trinomio** e così via.

Esattamente come nel caso dei monomi, anche due polinomi possono essere **opposti**, quando vengono cambiati i segni di tutti i coefficienti dei singoli monomi che compongono il polinomio.

Ad esempio:

$$
\begin{aligned}
P(x, y) = -14x^2 + 7x + 6y^2 + 4y + 25 \\
Q(x, y) = 14x^2 - 7x - 6y^2 - 4y - 25
\end{aligned}
$$

sono due polinomi opposti. Analogamente, due polinomi sono **uguali** se composti esattamente dagli stessi monomi.

Anche un polinomio possiede un proprio **grado** che è pari al massimo grado tra quelli dei monomi presenti.

Prendiamo, ad esempio il seguente polinomio:

$$F(x, y) = 3xy^2 + 4x^3y^4 + xy + 3x + 4y$$

Il primo monomio ha grado 2+1=3, il secondo 3+4=7, il terzo 1+1=2, il quarto e il quinto 1, per cui il grado complessivo del polinomio sarà 7.

Possiamo, inoltre essere interessati non al grado complessivo, ma a quello rispetto alle singole lettere. Anche qui, sceglieremo il massimo grado rispetto alla singola lettera tra tutti i monomi.

Quindi, il polinomio F(x,y) avrà grado 3 rispetto ad x e grado 4 rispetto ad y.

Esercizi

1. Individua quale delle seguenti espressioni è un monomio.

$$\frac{3}{2}xy^3\sqrt{z};\, 4ac;\, 7x^2;\, 4xy^{-3};\, \frac{6}{11}ab^2c^{\frac{2}{3}};\, a^3b^4cd;\, 17\frac{xy}{z}$$

2. Tra quelli che hai individuato come monomi nell'esercizio precedente, determinane il grado complessivo e quello rispetto alle singole lettere.

3. Riduci i seguenti polinomi in forma normale.

$$\frac{3}{2}xy^3 + 4x + 7 + 9xy^3 + 7x^2 - 2x + 18$$

$$7a + 8b + 17ab^2 - 4b + 12a + \frac{7}{2}a^2b$$

$$27x^3 + 12x + 41xy^2 + 7x - 12y - 21x + 18 - 11yx^2 - \frac{82}{2}xy^2 - 3^3x^3$$

4. Ricava i gradi complessivi dei polinomi appena ridotti in forma normale.

SOLUZIONI

1. II, III, VI

2. II: 1 rispetto ad a e c; 2 complessivo
III: 2 complessivo
VI: 3 rispetto ad a, 4 rispetto a b, 1 rispetto a c e d; 9 complessivo

3.

$$\frac{21}{2}xy^3 + 2x + 25 + 7x^2$$

$$19a + 4b + 17ab^2 + \frac{7}{2}a^2b$$

$$-2x - 12y + 18 - 11yx^2$$

4. 4; 3; 3

I segreti svelati in questo capitolo

Ecco cosa abbiamo imparato in questo capitolo:

1. Abbiamo definito i monomi, il loro grado e come distinguerli da espressioni letterali non monomiali.

2. Abbiamo definito i polinomi, come riportarli in forma normale e come calcolarne il grado.

9. OPERAZIONI TRA POLINOMI

9.1. Somma di polinomi

Sommare due polinomi significa sommare tutti i corrispondenti monomi simili.

Prendiamo, ad esempio, i seguenti polinomi:

$$F(x,y) = 3xy^2 + 4x^3y^4 + xy + 3x + 4y$$
$$G(x,y) = 2xy^2 + 7xy - 3y$$

La loro somma sarà:

$$F(x,y) + G(x,y) = (3+2)xy^2 + 4x^3y^4 + (1+7)xy + 3x + (4-3)y =$$
$$= 5xy^2 + 4x^3y^4 + 8xy + 3x + y$$

La somma di due polinomi opposti, naturalmente, sarà zero. Tutto ciò a cui dobbiamo prestare attenzione sono i segni che a volte cambiano come frutto della nostra distrazione, ma per il resto non è nulla che tu non abbia mai fatto.

Il nuovo polinomio ottenuto dalla somma avrà un proprio grado. Osservando quello appena calcolato, ad esempio, notiamo che il suo grado complessivo è 7. Se ci concentriamo sui polinomi addendi F(x,y) e G(x,y), i rispettivi gradi sono 7 e 3. Quindi, nel nostro esempio, il grado della somma è uguale al massimo grado degli addendi.

Vediamo, però, quest'altro esempio:

$$F(x,y) = 3xy^2 + 4x^3y^4 + xy + 3x + 4y$$
$$K(x,y) = 2xy^2 - 4x^3y^4 + 7xy - 3y$$
$$F(x,y) + K(x,y) = 5xy^2 + 8xy + 3x + y$$

Il grado del polinomio somma è 3, mentre i gradi di F(x,y) e K(x,y), sono entrambi 7. Questo è accaduto perché due monomi opposti si sono annullati a vicenda, cosa che può capitare.

Quindi deduciamo che, il grado della somma di due polinomi è minore o uguale al grado massimo degli addendi.

$$grado_{somma} \leq grado_{massimo}$$

9.2. Differenza di polinomi

Ora che hai appena appreso la somma di due polinomi, ti risulterà molto semplice comprendere la differenza. Come intuibile, la differenza di due polinomi consiste nel sottrarre i monomi corrispondenti. Ancora una volta, quindi, attenzione ai segni!

Prendiamo ancora, ad esempio, i seguenti polinomi:

$$F(x,y) = 3xy^2 + 4x^3y^4 + xy + 3x + 4y$$
$$G(x,y) = 2xy^2 + 7xy - 3y$$

La loro differenza sarà:

$$\begin{aligned} F(x,y) - G(x,y) &= (3-2)xy^2 + 4x^3y^4 + (1-7)xy + 3x + (4+3)y = \\ &= xy^2 + 4x^3y^4 - 6xy + 3x + 7y \end{aligned}$$

Per lo stesso discorso che abbiamo fatto per la somma, anche per la differenza il grado del polinomio risultante sarà:

$$grado_{differenza} \leq grado_{massimo}$$

9.3. Prodotto di un polinomio per un monomio

Quando parliamo di prodotto è necessario distinguere il caso in cui moltiplichiamo due polinomi, da quello in cui **moltiplichiamo un monomio per un polinomio**.

Per il momento ci concentreremo su quest'ultimo caso, che è il più semplice tra i due.

$$m(\ldots) \cdot P(\ldots)$$

L'operazione è più intuitiva e semplice di quanto tu possa pensare. Il monomio dovrà essere moltiplicato per ciascun monomio del polinomio, dando dei **prodotti parziali** che, sommati algebricamente tra loro, daranno il risultato dell'operazione, che è ancora un polinomio.
Potremmo, quindi riassumere il prodotto tra un monomio e un polinomio, nei seguenti tre passaggi fondamentali:

1. Ridurre monomio e polinomio in forma normale, se non si presentano in tale forma.
2. Calcolare i prodotti parziali (facendo sempre attenzione ai segni!).
3. Sommare algebricamente i prodotti parziali.

Come al solito, tuffiamoci in qualche esempio per comprendere meglio ciò di cui stiamo parlando.

Prendiamo, ad esempio, il seguente prodotto:

$$(2ab + 7a + 3a^2) \cdot (3a^3)$$

polinomio monomio

Sono già in forma normale, quindi possiamo procedere col moltiplicare il monomio per tutti e tre i monomi che compongono il polinomio.
Per farlo moltiplichiamo le parti numeriche e ciascuna parte letterale per la sua omologa, ricordando le regole del prodotto tra potenze:

$$2ab \cdot 3a^3 = 6a^4b$$
$$7a \cdot 3a^3 = 21a^4$$
$$3a^2 \cdot 3a^3 = 9a^5$$

Questi sono i prodotti parziali e il risultato dell'operazione sarà un polinomio composto dai seguenti prodotti parziali:

$$(2ab + 7a + 3a^2) \cdot (3a^3) = 6a^4b + 21a^4 + 9a^5$$

Facciamo un altro esempio:

$$-7x^2 \cdot (3 + x^2 + 3x + 9x^2 - 12x - 6)$$

In questo caso il polinomio non è in forma normale quindi, per prima cosa, lo riduciamo:

$$-7x^2 \cdot (10x^2 - 9x - 3)$$

Adesso possiamo calcolare i prodotti parziali, ricordando la regola dei segni:

$$\begin{aligned} -7x^2 \cdot 10x^2 &= -70x^4 \\ -7x^2 \cdot (-9x) &= 63x^3 \\ -7x^2 \cdot (-3) &= 21x^2 \end{aligned}$$

Quindi, il risultato finale sarà:

$$-7x^2 \cdot (10x^2 - 9x - 3) = -70x^4 + 63x^3 + 21x^2$$

Voglio tranquillizzarti: con un po' di pratica, questo algoritmo risolutivo diventerà molto semplice per te e sarai in grado di scrivere direttamente il risultato, calcolando uno per volta in mente i prodotti parziali. Ormai sai dedurre agevolmente il grado di un monomio e di un polinomio. Puoi verificare tu stesso che il **grado di un polinomio risultante da un prodotto monomio-polinomio** è pari alla somma dei gradi del polinomio e del monomio:

$$grado_{prodotto_{monomio-polinomio}} = grado_{monomio} + grado_{polinomio}$$

9.4 Prodotto di polinomi

Facciamo, ora, un passo in avanti, calcolando il prodotto tra due polinomi.

$$P(...) \cdot Q(...)$$

Anche in questo caso, possiamo scrivere un **algoritmo risolutivo** non molto diverso da quello analizzato precedentemente:

1. Ridurre i polinomi in forma normale qualora non fossero in tale forma.

2. Ottenere i prodotti parziali moltiplicando ciascun monomio del primo polinomio per ciascun monomio del secondo polinomio.

3. Sommare tutti i prodotti parziali.

4. Qualora necessario, ridurre il polinomio prodotto in forma normale.

Facciamo subito un esempio:

$$(3x^3 + 2x^2 - 11x + 2) \cdot (x^2 - 3x)$$

I polinomi sono già in forma normale, quindi calcoliamo i prodotti parziali, facendo sempre attenzione ai segni:

$$
\begin{aligned}
3x^3 \cdot x^2 &= 3x^5 \\
3x^3 \cdot (-3x) &= -9x^4 \\
2x^2 \cdot x^2 &= 2x^4 \\
2x^2 \cdot (-3x) &= -6x^3 \\
(-11x) \cdot x^2 &= -11x^3 \\
(-11x) \cdot (-3x) &= 33x^2 \\
2 \cdot x^2 &= 2x^2 \\
2 \cdot (-3x) &= -6x
\end{aligned}
$$

Il polinomio risultante dal prodotto sarà la somma di questi prodotti parziali:

$$
(3x^3 + 2x^2 - 11x + 2) \cdot (x^2 - 3x) =
$$
$$
= 3x^5 - 9x^4 + 2x^4 - 6x^3 - 11x^3 + 33x^2 + 2x^2 - 6x
$$

Il polinomio prodotto non è in forma normale, per cui sommiamo i termini simili per ridurlo:

$$
(3x^3 + 2x^2 - 11x + 2) \cdot (x^2 - 3x) =
$$
$$
= 3x^5 - 7x^4 - 17x^3 + 35x^2 - 6x
$$

Facciamo un altro esempio:

$$(a^3 + 2a^2 - 3a^3 + 9a + 7 - a^2)(ab^2 + a^3 - 2ab^2)$$

I due polinomi non sono in forma normale quindi, per prima cosa, riportiamoli in quella forma:

$$(-2a^3 + a^2 + 9a + 7)(-ab^2 + a^3)$$

Ora possiamo procedere col calcolo dei prodotti parziali:

$$\begin{aligned}
(-2a^3) \cdot (-ab^2) &= 2a^4b^2 \\
(-2a^3) \cdot a^3 &= -2a^6 \\
a^2 \cdot (-ab^2) &= -a^3b^2 \\
a^2 \cdot a^3 &= a^5 \\
9a \cdot (-ab^2) &= -9a^2b^2 \\
9a \cdot a^3 &= 9a^4 \\
7 \cdot (-ab^2) &= -7ab^2 \\
7 \cdot a^3 &= 7a^3
\end{aligned}$$

Sommiamo i prodotti parziali:

$$(-2a^3 + a^2 + 9a + 7)(-ab^2 + a^3) =$$
$$= 2a^4b^2 - 2a^6 - a^3b^2 + a^5 - 9a^2b^2 + 9a^4 - 7ab^2 + 7a^3$$

Il polinomio è già in forma normale, poiché non ci sono termini simili da poter sommare algebricamente.

Anche in questo caso, il **grado del polinomio prodotto** è pari alla somma dei gradi dei polinomi fattori:

$$grado_{prodotto} = grado_{polinomio_1} + grado_{polinomio_2}$$

9.5. Divisione di un polinomio per un monomio

Il discorso è esattamente analogo al prodotto, ma questa volta otterremo dei **quozienti parziali**, dati dalla divisione di ciascun monomio del polinomio per il monomio dividendo.

$$P(\dots) : m(\dots)$$

In questo caso, inoltre, va verificato che polinomio e monomio siano effettivamente divisibili, ovvero che sia verificata la **condizione di divisibilità**. Questo significa che ciascun monomio del polinomio deve avere tra le parti letterali una simile a quella del monomio divisore e con un esponente maggiore o uguale a quello del divisore. Lo capiremo meglio con la pratica.

Possiamo riassumere come segue l'algoritmo necessario per dividere un polinomio per in monomio:

1. Verificare che sia rispettata la condizione di divisibilità.

2. Ottenere i quozienti parziali dalla divisione di ciascun monomio del polinomio per il monomio dividendo (fai sempre attenzione ai segni).

3. Sommare i quozienti parziali per ottenere il polinomio quoziente.

Immergiamoci immediatamente in un esempio:

$$(8x^3 - 2x^2 - 18x) : 2x$$

La condizione di divisibilità è verificata, poiché il monomio divisore ha come parte letterale una potenza prima di x.

Tutti i monomi del polinomio hanno una x nella parte letterale e con potenze maggiori o uguali ad 1.

Calcoliamo, ora i quozienti parziali, dividendo sia la parte letterale che il coefficiente numerico di ciascun monomio del polinomio dividendo:

$$8x^3 : 2x = 4x^2$$
$$-2x^2 : 2x = -x$$
$$-18x : 2x = -9$$

Non ci resta che sommare algebricamente i quozienti parziali per ottenere il risultato della divisione:

$$(8x^3 - 2x^2 - 18x) : 2x = 4x^2 - x - 9$$

Facciamo un altro esempio:

$$(\frac{1}{2}x^3y^2 + 3x^2y - 5x) : \frac{1}{2}x$$

La condizione di divisibilità è verificata. Procediamo con il calcolo dei quozienti parziali:

$$\frac{1}{2}x^3y^2 : \frac{1}{2}x = x^2y^2$$
$$3x^2y : \frac{1}{2}x = 3x^2y \cdot \frac{2}{x} = 6xy$$
$$-5x : \frac{1}{2}x = -5x \cdot \frac{2}{x} = -10$$

Il polinomio quoziente sarà:

$$(\frac{1}{2}x^3y^2 + 3x^2y - 5x) : \frac{1}{2}x = x^2y^2 + 6xy - 10$$

Facciamo un ultimo esempio:

$$(21a^3 + 12a + 3) : a^2$$

In questo caso **non è verificata la condizione di divisibilità**. Infatti, il secondo monomio del polinomio dividendo ha una parte letterale uguale al monomio divisore, ma con una potenza inferiore. Il terzo termine del monomio, addirittura non presenta parte letterale.

Nota bene, questa non è un'operazione impossibile da effettuare, infatti il suo risultato sarebbe:

$$(21a^3 + 12a + 3) : a^2 = 21a + \frac{12}{a} + \frac{3}{a^2}$$

Il problema è che il risultato non è più un polinomio, poiché il secondo e il terzo termine non rispettano la definizione di monomio cha abbiamo visto nei paragrafi precedenti. Non vogliamo discriminare questa espressione, la matematica è inclusiva, ma per ora ci siamo concentrati solo su quelle divisioni che restituiscono ancora un polinomio.

In maniera analoga a quanto visto per il prodotto, in questo caso il **grado del polinomio quoziente** è dato dalla differenza tra il grado del polinomio dividendo e quello del monomio divisore:

$$grado_{quoziente} = grado_{dividendo} - grado_{divisore}$$

9.6. Divisione tra polinomi

Concludiamo con l'ultima operazione che vedremo in questo capitolo: la divisione tra polinomi.

$$P(...) : K(...)$$

Come una divisione numerica, una divisione tra polinomi potrebbe dare un **resto**, ovviamente rappresentato anch'esso da un polinomio.

Vediamo quale algoritmo risolutivo possiamo seguire:

1. Ordiniamo il polinomio dividendo e quello divisore dalla potenza maggiore a quella minore.

2. Riportiamo i due polinomi della divisione in una tabella, simile a quella che faremmo per una divisione numerica.

3. Dividiamo il termine di grado massimo del polinomio dividendo per quello di grado massimo del polinomio divisore.

4. Moltiplichiamo il risultato ottenuto dalla precedente divisione tra monomi, per tutti i monomi del divisore e lo scriviamo in tabella sotto al dividendo.

5. Svolgiamo in colonna la sottrazione in tabella.

6. Iteriamo questo algoritmo fino a quando il grado massimo del polinomio che otteniamo e mettiamo in colonna non sia inferiore a quello del dividendo.

Vista così ti apparirà un'operazione impossibile ma, come al solito, è più facile a dirsi che a farsi. In fondo è esattamente lo stesso meccanismo con il quale hai imparato a fare le divisioni alle elementari, solo che qui ci sono anche delle lettere.

Partiamo subito con un esempio:

$$(9y + 9y^3 + 3y^4 + 5y^2 - 18) : (y + 3)$$

Per prima cosa ordiniamo le potenze in ordine decrescente:

$$(3y^4 + 9y^3 + 5y^2 + 9y - 18) : (y + 3)$$

Scriviamo dividendo e divisore in tabella:

$$(3y^4 + 9y^3 + 5y^2 + 9y - 18) \; \Big| \; (y + 3)$$

Dividiamo il primo monomio del dividendo per il primo del divisore:

$$(3y^4 + 9y^3 + 5y^2 + 9y - 18) \; \Big| \; (y + 3)$$

$$3y^3$$

Moltiplichiamo il monomio per tutti i termini del divisore e scriviamolo in colonna:

$$\begin{array}{l|l}
(3y^4 + 9y^3 + 5y^2 + 9y - 18) & (y+3) \\ \cline{2-2}
3y^4 + 9y^3 & 3y^3
\end{array}$$

Ora sottraiamo al dividendo il polinomio ottenuto:

$$\begin{array}{r|l}
(3y^4 + 9y^3 + 5y^2 + 9y - 18) & (y+3) \\ \cline{2-2}
3y^4 + 9y^3 \quad\quad\quad\quad\quad\quad & 3y^3 \\ \cline{1-1}
5y^2 + 9y - 18 &
\end{array}$$

Dividiamo il monomio di grado massimo del polinomio appena ottenuto per quello del divisore:

$$\begin{array}{l|l} (3y^4 + 9y^3 + 5y^2 + 9y - 18) & (y + 3) \\ \cline{2-2} \ 3y^4 + 9y^3 & \\ \cline{1-1} \qquad\qquad\qquad 5y^2 + 9y - 18 & 3y^3 + 5y \end{array}$$

Moltiplichiamo il nuovo monomio per il divisore e mettiamo in colonna:

$$\begin{array}{l|l} (3y^4 + 9y^3 + 5y^2 + 9y - 18) & (y + 3) \\ \cline{2-2} \ 3y^4 + 9y^3 & \\ \cline{1-1} \qquad\qquad\qquad 5y^2 + 9y - 18 & 3y^3 + 5y \\ \qquad\qquad\qquad 5y^2 + 15y & \end{array}$$

Effettuiamo la sottrazione in colonna:

$$
\begin{array}{r|l}
(3y^4 + 9y^3 + 5y^2 + 9y - 18) & (y + 3) \\ \cline{2-2}
3y^4 + 9y^3 \qquad\qquad\qquad\quad & 3y^3 + 5y \\ \cline{1-1}
5y^2 + 9y - 18 & \\
5y^2 + 15y \quad\;\; & \\ \cline{1-1}
-6y - 18 &
\end{array}
$$

Ripetiamo ancora le stesse operazioni:

$$
\begin{array}{r|l}
(3y^4 + 9y^3 + 5y^2 + 9y - 18) & (y + 3) \\ \cline{2-2}
3y^4 + 9y^3 \qquad\qquad\qquad\quad & 3y^3 + 5y - 6 \\ \cline{1-1}
5y^2 + 9y - 18 & \\
5y^2 + 15y \quad\;\; & \\ \cline{1-1}
-6y - 18 & \\
-6y - 18 & \\ \cline{1-1}
0 &
\end{array}
$$

Abbiamo ottenuto il risultato della nostra divisione:

$$(3y^4 + 9y^3 + 5y^2 + 9y - 18) : (y + 3) = 3y^3 + 5y - 6$$

In questo caso, il resto della divisione è zero.

Vediamo un esempio in cui il resto è diverso da zero:

$$(6a^2 + 5a + 1) : (a + 1)$$

Mettiamo in azione l'algoritmo che abbiamo appena visto. Questa volta non riporteremo la divisione passaggio per passaggio.

$$\begin{array}{r|l} 6a^2 + 5a + 1 & a + 1 \\ \cline{2-2} 6a^2 + 6a \phantom{{}+1} & 6a - 1 \\ \hline -a + 1 & \\ -a - 1 & \\ \cline{1-1} 2 & \end{array}$$

In questo caso la divisione avrà un quoziente e un resto:

$$Q(a) = 6a - 1$$
$$R = 2$$

Anche per le divisioni per i polinomi, possiamo dedurne il **grado**:

$$grado_{quoziente} = grado_{dividendo} - grado_{divisore}$$

Esercizi

Svolgi le seguenti operazioni tra polinomi:

1. $(12x + y + z) + (2x - 5y) - (5x - y + 2z)$

2. $4(12a^2b - 9ab - 15ab^2)$

3. $(x + y)(x^2 + 2y)(x + 3y)$

4. $2(2a - 3b) - [8(a - 4b) - (2a - b)]$

5. $(16x^{10}y^8z^{14}) : (-8x^7y^7z^{11})$

6. $(2a^3 + 3a^2 + a + 6) : (a + 2)$

SOLUZIONI

1. $9x - 3y - z$

2. $48a^2b - 36ab - 60ab^2$

3. $x^4 + 4x^3y + 3x^2y^2 + 2x^2y + 8xy^2 + 6y^3$

4. $-2a + 25b$

5. $-2x^3yz^3$

6. $2a^2 - a + 3$

I segreti svelati in questo capitolo

In questo capitolo abbiamo messo le mani in pasta, imparando a gestire i **polinomi e le loro operazioni**, un gran bel passo in avanti!

Abbiamo imparato a:

1. Sommare polinomi.

2. Sottrarre polinomi.

3. Moltiplicare un monomio per un polinomio.

4. Moltiplicare due polinomi.

5. Dividere un polinomio per un monomio.

6. Dividere un polinomio per un monomio.

10. SCOMPOSIZIONE DI POLINOMI

Abbiamo avuto modo di vedere quanto complessi possono essere i polinomi. Scomporre un polinomio significa, qualora possibile, trovare i **fattori** che lo compongono.

In altre parole, ci occuperemo di rintracciare i polinomi e monomi che moltiplicati tra loro daranno come prodotto il polinomio che vogliamo scomporre.

È un'operazione del tutto analoga alla scomposizione in fattori primi che abbiamo fatto con i numeri, ma questa volta impareremo le regole necessarie per applicare questo procedimento ai polinomi.

10.1. Polinomi riducibili

Innanzi tutto, per poter essere scomposto un polinomio deve essere **riducibile**, ovvero devo poter essere in grado di rintracciare i fattori che lo compongono, altrimenti quel polinomio si dirà, **irriducibile**.

Continuando sull'onda dell'analogia con la scomposizione numerica in fattori primi, ricordiamo che vale il seguente **teorema fondamentale dell'aritmetica**: "Qualsiasi numero naturale maggiore di 1 o è un numero primo o può essere espresso come prodotto di numeri primi".

Ad esempio:

$$210 = 2 \cdot 3 \cdot 5 \cdot 7$$

dove il numero 210 è stato espresso come prodotto di numeri primi, ovvero non divisibili per nessun numero se non per se stessi.

Analogamente, in algebra vale il **teorema di scomponibilità dei polinomi**: "Qualsiasi polinomio a coefficienti reali o è irriducibile o può essere espresso come prodotto di polinomi irriducibili".

Ad esempio:

$$x^2 - 1 = (x + 1)(x - 1)$$

Possiamo infatti verificare che:

$$(x + 1)(x - 1) = x^2 + x - x - 1 = x^2 - 1$$

Non spaventarti, naturalmente non dovrai inventare dal nulla i polinomi che sono fattori del polinomio riducibile, ma esistono delle semplici regole che impareremo nei prossimi paragrafi.

10.2. Raccoglimento totale

Quando abbiamo davanti ai nostri occhi un polinomio e vogliamo capire se si tratta di un polinomio riducibile, dobbiamo porci una serie di domande, come un mantra da recitare con speranza.

La prima di queste domande è: "**Posso effettuare un raccoglimento totale?**". Un raccoglimento totale, o messa in evidenza, consiste nel rintracciare il fattore di grado massimo comune a tutti i monomi del polinomio.

Capiamo meglio con un esempio:

$$x^3 + 2x$$

Notiamo che tutti i monomi hanno una parte letterale x e che la massima potenza comune a tutti è la prima. Per cui, mettiamo x in evidenza, ovvero scriviamo il polinomio come prodotto del termine comune per il polinomio di partenza diviso per tale termine.

Più facile da scrivere che da dire:

$$x^3 + 2x = x(x^2 + 2)$$

Abbiamo trovato i due fattori che hanno scomposto il nostro polinomio. La parte comune, però, può essere rintracciata anche nel coefficiente numerico.

Ad esempio:

$$3a^2b + 9a^7b^2 + 12a^3b^2$$

Questa volta notiamo che i monomi hanno in comune a (con il massimo esponente comune 2), b (con il massimo esponente comune 1) e il coefficiente numerico 3 (ovvero il massimo fattore comune a tutti i coefficienti).

Per cui possiamo scomporre il polinomio come segue:

$$3a^2b + 9a^7b^2 + 12a^3b^2 = 3a^2b(1 + 3a^5b + 4ab)$$

Ribadisco che nella parentesi indicata, non ho fatto altro che scrivere ciascun monomio del polinomio iniziale diviso per il termine in comune.

10.3. Raccoglimento parziale

Non è detto che tutti i termini del polinomio abbiano un fattore comune, ma può capitare che soltanto alcuni di loro lo abbiano. Per cui, la seconda domanda che ci poniamo nel mantra della scomposizione è: "Posso effettuare un raccoglimento parziale?".

In questo caso non faremo un raccoglimento totale, ma **parziale** che, quindi, interessa soltanto alcuni dei monomi.

Vediamo subito un esempio:

$$x^2y^2 - 3y^2 - 12 + 4x^2$$

Notiamo che non esiste un termine né letterale né numerico che sia comune a tutti e quattro i monomi che compongono il polinomio.

Immaginiamo, però, di dividere il polinomio in due sottogruppi:

a)	b)
$x^2y^2 - 3y^2$	$-12 + 4x^2$

Nel blocco a) possiamo fare una messa in evidenza totale:

$$x^2y^2 - 3y^2 = y^2(x^2 - 3)$$

Procediamo analogamente per il blocco b):

$$-12 + 4x^2 = 4(-3 + x^2)$$

Unendo i due blocchi, posso scrivere:

$$x^2y^2 - 3y^2 - 12 + 4x^2 = y^2(x^2 - 3) + 4(-3 + x^2)$$

Notiamo che l'espressione può essere riscritta come segue, invertendo semplicemente l'ordine degli addendi nella seconda parentesi:

$$x^2y^2 - 3y^2 - 12 + 4x^2 = y^2(\underline{x^2 - 3}) + 4(\underline{x^2 - 3})$$

Così facendo, ci accorgiamo che le due parentesi sono esattamente identiche. Tra i due prodotti, quindi, può ora essere fatto un raccoglimento totale.

Considerando la parentesi come un unico fattore, infatti, possiamo metterle in evidenza nella loro interezza:

$$y^2(x^2 - 3) + 4(x^2 - 3) = (x^2 - 3)(y^2 + 4)$$

Abbiamo, così, concluso la scomposizione del polinomio. Ciò che è accaduto nel nostro esempio è molto comune: se si adopera un raccoglimento parziale, nella maggior parte dei casi, è finalizzato ad un successivo raccoglimento totale.

Lo scopo di una scomposizione, infatti, è riuscire ad ottenere un prodotto di polinomi, cosa che con la sola messa in evidenza parziale non avremmo ottenuto.

10.4. Prodotti notevoli

Nel caso in cui non sia possibile un raccoglimento totale o parziale, devo domandarmi: "Posso scomporre il polinomio con l'ausilio di prodotti notevoli?".

Ma cosa sono questi **prodotti notevoli**?

Vedremo, a breve, che esistono dei prodotti la cui scomposizione è nota e che se compaiono all'interno del polinomio da scomporre mi aiutano nella scomposizione. Iniziamo a fare una carrellata di questi prodotti notevoli che vanno ricordati.

Prodotto di somma per differenza

$$(a+b)(a-b)=a^2-b^2$$

Quando incontriamo il prodotto della somma per la differenza di due monomi, possiamo scomporlo come la differenza dei loro quadrati e viceversa.

Quadrato di un binomio

$$(a+b)^2=a^2+b^2+2ab$$
$$(a-b)^2=a^2+b^2-2ab$$

Il quadrato di un binomio si ottiene sommando algebricamente il quadrato del primo termine, il quadrato del secondo termine e il doppio prodotto del primo per il secondo. Questo significa che se in un polinomio individuiamo due quadrati e un doppio prodotto, possiamo pensare di scomporlo come un quadrato di un binomio.

Quadrato di un trinomio

$$(a+b+c)^2 = a^2 + b^2 + c^2 + 2ab + 2ac + 2bc$$

Il quadrato di un trinomio si sviluppa in maniera analoga a quella di un binomio, sommando algebricamente i quadrati dei monomi e tutte e tre le combinazioni di doppi prodotti. Fai sempre attenzione ai segni dei singoli monomi, che potrebbero far cambiare anche quelli dei doppi prodotti.

Cubo di un binomio

$$(a+b)^3 = a^3 + b^3 + 3a^2b + 3ab^2$$
$$(a-b)^3 = a^3 - b^3 - 3a^2b + 3ab^2$$

Il cubo di un binomio si sviluppa sommando algebricamente il cubo del primo monomio, il cubo del secondo, il triplo prodotto del quadrato del primo per il secondo e il triplo prodotto del primo per il quadrato del secondo. Come sempre, bisogna prestare attenzione ai segni: un numero negativo elevato al quadrato restituirà un numero positivo, ma il cubo di un numero negativo resta un numero negativo!

Somma e differenza di cubi

$$a^3 + b^3 = (a + b)(a^2 - ab + b^2)$$
$$a^3 - b^3 = (a - b)(a^2 + ab + b^2)$$

La somma di due cubi si ottiene dal prodotto tra la somma dei monomi e il cosiddetto "falso quadrato". Lo chiamiamo così perché non c'è un doppio prodotto ma il prodotto semplice, tra l'altro invertito di segno. Analogamente, la differenza di due cubi si ottiene come prodotto della differenza dei monomi per il falso quadrato.

Imparare questi prodotti, e saperli distinguere all'interno di un polinomio, ci consentirà di poter scomporre polinomi che non possono essere scomposti con la semplice messa in evidenza parziale o totale. È una freccia in più nella nostra faretra di scompositori.

Vediamo un esempio pratico:

$$9x^2 + 4y^2 + 1 - 12xy + 6x - 4y$$

Notiamo immediatamente che non è possibile fare una messa in evidenza totale. È possibile fare una messa in evidenza parziale? Potremmo provarci, ma ci accorgeremmo ben presto che non ci porterebbe da nessuna parte, non riuscendo poi a raccogliere tutto in un raccoglimento totale. Possiamo passare in rassegna, allora, i prodotti notevoli che conosciamo. Ad esempio, notando che il polinomio da scomporre è composto di sei termini, possiamo pensare al quadrato di un trinomio, che ricordiamo essere:

$$(a+b+c)^2 = a^2 + b^2 + c^2 + 2ab + 2ac + 2bc$$

Dobbiamo individuare, nel nostro caso, chi sono a, b e c.

Osservando il polinomio da scomporre arriviamo a concludere che:

$$a = 3x; b = -2y; c = 1$$

Infatti, se con questi monomi provassimo a sviluppare il quadrato del trinomio otterremmo:

$$(3x)^2 + (-2y)^2 + 1^2 + 2(3x)(-2y) + 2(3x) + 2(-2y) = \\ 9x^2 + 4y^2 + 1 - 12xy + 6x - 4y$$

Quindi, abbiamo confermato che la nostra intuizione era quella corretta e che la scomposizione del polinomio è esattamente la seguente:

$$9x^2 + 4y^2 + 1 - 12xy + 6x - 4y = (3x - 2y + 1)^2$$

10.5. Regola di Ruffini

Cosa succede se nessuna delle domande precedenti trova risposta? Se rimaniamo da soli nel mare agitato delle scomposizioni e le scialuppe del raccoglimento e dei prodotti notevoli sono lontane? Non ci rimane che provare a gonfiare il nostro salvagente.

Quando proprio non sappiamo come scomporre il nostro polinomio, l'ultima spiaggia è la cosiddetta regola di Ruffini, che deve il suo nome a **Paolo Ruffini** (non l'attore), matematico, medico, docente e rettore dell'Università di Modena a cavallo tra il '700 e l'800.

La regola di Ruffini, altro non è che un algoritmo semplificato della divisione polinomiale.

Talvolta può risultare rognoso ricordarne i passaggi, ma vale la pena tenerla nel nostro bagaglio.

Vediamo immediatamente come funziona e facciamolo direttamente con un esempio.

Prendiamo, ad esempio, il seguente polinomio:

$$P(x) = 4x + x^4 + 16 - 2x^3 - 10x^2$$

Notiamo che non è possibile fare un raccoglimento totale e un eventuale raccoglimento parziale non porterebbe da nessuna parte.

Per giunta, non identifichiamo nessun prodotto notevole di quelli studiati all'interno di P(x). Ecco, quindi, che entra in gioco Ruffini.

Vediamo come procedere, un passo alla volta:

1. Ordinare il polinomio

Riscriviamo il polinomio ordinando in ordine decrescente le potenze della x:

$$P(x) = x^4 - 2x^3 - 10x^2 + 4x + 16$$

2. Trovare una radice del polinomio

Osservando il polinomio, dobbiamo individuare, qualora esista, una sua radice.

Una **radice** di un polinomio (detta anche zero del polinomio) è un valore che, assegnato alla x del nostro polinomio, lo rende nullo.

Per trovare questa radice possiamo procedere per tentativi, provando a sostituire diversi numeri interi alla x fino a trovare quello che rende nullo il polinomio, oppure possiamo restringere il campo ricordando che una radice r assume la seguente espressione:

$$r = \frac{p}{q}$$

dove p è un divisore del termine noto (nel nostro caso il termine noto è 16) e q un divisore del coefficiente della potenza maggiore di x (nel nostro caso 1). Possiamo quindi scrivere i possibili p e q:

$$p \in \{1; -1; 2; -2; 4; -4; 8; -8; 16; -16\}$$
$$q \in \{1; -1\}$$

Quindi una papabile radice è:

$$r = \frac{1}{1} = 1$$

Verifichiamo se sostituendo 1 alla x, il polinomio si annulla:

$$1^4 - 2 \cdot 1^3 - 10 \cdot 1^2 + 4 \cdot 1 + 16 = 1 - 2 - 10 + 4 + 16 = 9 \neq 0$$

Il polinomio non si annulla, proviamo quindi un'altra possibile radice:

$$r = \frac{2}{1} = 2$$

Verifichiamo se così il polinomio diventa nullo:

$$2^4 - 2 \cdot 2^3 - 10 \cdot 2^2 + 4 \cdot 2 + 16 = 16 - 16 - 40 + 8 + 16 = -16 \neq 0$$

Anche in questo caso non si annulla, proviamo ancora un'altra radice (è un lavoro di pazienza!):

$$r = \frac{4}{1} = 4$$

Verifichiamo se annulla il polinomio:

$$4^4 - 2 \cdot 4^3 - 10 \cdot 4^2 + 4 \cdot 4 + 16 = 256 - 128 - 160 + 16 + 16 = 0$$

Finalmente abbiamo trovato una radice del polinomio: P(x)=0 quando x=4

3. Tabella di Ruffini

Abbiamo tutti gli ingredienti necessari per poter compilare una tabella che ci aiuterà a scomporre il nostro polinomio.

Ricordando che stiamo scomponendo:

$$P(x) = x^4 - 2x^3 - 10x^2 + 4x + 16$$

Collochiamo i numeri in tabella, come mostrato di seguito:

	Coefficienti				Coefficiente termine noto
radice	1	-2	-10	4	16
4					

A questo punto "abbassiamo" il primo coefficiente sotto la linea orizzontale, lo moltiplichiamo per la radice e il risultato lo scriviamo sotto al secondo coefficiente.

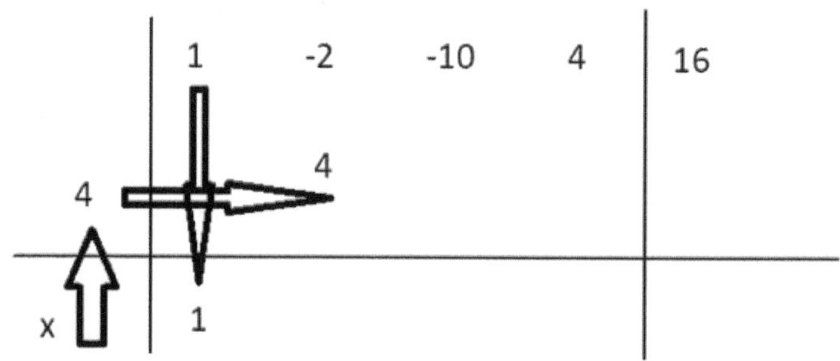

Sommiamo, ora, algebricamente il secondo coefficiente con il risultato appena scritto:

	1	-2	-10	4	16
		⇩ +			
4		4			
	1	2			

Proseguiamo analogamente, moltiplicando il risultato per la radice e sommandolo algebricamente il risultato col coefficiente successivo:

	1	-2	-10	4	16
4		4	8	-8	-16
	1	2	-2	-4	0

Se abbiamo applicato correttamente il procedimento, l'ultimo risultato deve essere zero.

Nota bene: nel nostro caso il polinomio era completo, ovvero erano presente tutte le potenze di x, dalla quarta allo zero (termine noto).

Se così non dovesse essere, quando compileremo i coefficienti in tabella scriveremo 0 lì dove la potenza è mancante.

Ribadisco, inoltre, che il polinomio va prima ordinato, altrimenti sbaglieremmo a scrivere l'ordine dei coefficienti in tabella.

Quelli che abbiamo ottenuto sotto la linea orizzontale, sono i coefficienti di un polinomio di un grado inferiore a quello di partenza:

$$Q(x) = x^3 + 2x^2 - 2x - 4$$

A questo punto, la scomposizione del nostro polinomio di partenza sarà:

$$P(x) = (x - r)Q(x)$$

dove r è la radice che abbiamo usato per azzerare il polinomio.

Nel nostro caso, quindi:

$$x^4 - 2x^3 - 10x^2 + 4x + 16 = (x - 4)(x^3 + 2x^2 - 2x - 4)$$

In realtà, la scomposizione potrebbe proseguire, applicando la regola di Ruffini anche al polinomio Q(x).

Scriverò di seguito soltanto il risultato e lascio a te l'esercizio di scomporre ulteriormente il polinomio con la regola di Ruffini:

$$P(x) = (x - 4)(x + 2)(x^2 - 2)$$

Esercizi

1. Semplifica i seguenti polinomi con un raccoglimento totale:

$a)\ 4x^2y^2 - 6x^3y + 8x^2y^3$

$b)\ 3x(x+2)^2 - 4x(x+2)(x+1) + (x+2)(x+1)^2$

2. Semplifica i seguenti polinomi con un raccoglimento parziale e totale:

$a)\ x^3y^3 - 3y^3 - 12 + 4x^3$

$b)\ 4x^3 + 2x^2y^2 - 2xy^5 - y^7$

3. Semplifica i seguenti polinomi usando i prodotti notevoli, ma senza dimenticare le tecniche precedenti:

$a)\ x^4 + 36x^2 + 12x^3$

$b)\ x^3 - 6x^2 + 12x - 8$

$c)\ 25x^2y^2 - \frac{1}{16}z^2$

4. Scomponi i seguenti polinomi sfruttando la regola di Ruffini:

$a)\ 4x + 16 + x^4 - 2x^3 - 10x^2$

$b)\ x^3 - x^2y - 3xy^2 - y^3$

SOLUZIONI

1.

$a)$ $2x^2y(-3x+4y^2+2y)$

$b)$ $(x+2)(4x+1)$

2.

$a)$ $(x^3-3)(y^3+4)$

$b)$ $(2x+y^2)(2x^2-y^5)$

3.

$a)$ $x^2(x+6)^2$

$b)$ $(x-2)^3$

$c)$ $(5xy+\frac{1}{4}z)(5xy-\frac{1}{4}z)$

4.

$a)$ $(x-4)(x+2)(x^2-2)$

$b)$ $(x+y)(x^2-2xy-y^2)$

I segreti svelati in questo capitolo

Questo capitolo ci ha portati alla conoscenza delle principali tecniche di scomposizione dei polinomi.

In particolare, abbiamo imparato:

1. Cosa si intende per **polinomi riducibili**.

2. Come si scompone con la tecnica del **raccoglimento totale**.

3. Come si scompone con la tecnica del **raccoglimento parziale**.

4. Come si scompone con l'ausilio dei **prodotti notevoli**.

5. Come si scompone con la **regola di Ruffini**.

11. EQUAZIONI DI PRIMO GRADO

Ammesso che tu abbia mai provato un po' di antipatia per la matematica, sono sicuro che tutto è iniziato quando sono comparse le lettere sui tuoi quaderni a quadretti. Una materia fino ad allora fatta di soli numeri si è popolata, invece, di lettere, il cui valore è sconosciuto. Oggi è giunto il momento di cominciare a rintracciare al loro valore!

11.1. Concetto di equazione e identità

Come puoi facilmente intuire, un'equazione non è altro che **l'uguaglianza tra due espressioni matematiche** che contengono una o più incognite.
Per il momento, ci concentriamo sulle equazioni di primo grado, ovvero su equazioni in cui il massimo grado del termine incognito è uno.
Consideriamo la seguente espressione:

$$(x+2)(x-2)=x^2-4$$

Qualsiasi valore io inserisca al posto della x, tale uguaglianza è sempre verificata.

Possiamo provare, ad esempio, per x=5:

$$\begin{aligned}(5+2)(5-2)&=5^2-4;\\ 7\cdot 3&=25-4;\\ 21&=21\end{aligned}$$

Puoi provare a sbizzarrirti con qualsiasi numero e l'uguaglianza sarà sempre verificata. D'altronde, conoscendo i prodotti notevoli, sappiamo che la differenza di due quadrati assume proprio quella espressione. Un'equazione del genere, verificata per qualsiasi valore di x, prende il nome di **identità**.

Prendiamo, adesso, in esame la seguente espressione:

$$x - 2 = 7$$

Ci accorgiamo immediatamente che non possiamo inserire un numero qualsiasi al posto di x.

Ad esempio, se sostituissimo x=1, otterremmo:

$$-1 \neq 7$$

Esiste, infatti, un solo valore per cui l'uguaglianza è verificata e cioè x=9:

$$\begin{aligned} 9 - 2 &= 7; \\ 7 &= 7 \end{aligned}$$

Questa è un'**equazione**.

11.2. Principi di equivalenza

Nel risolvere le nostre equazioni sfrutteremo alcuni principi noti come "principi di equivalenza". Si tratta di un paio di semplici regole che ci fanno capire come, modificando le espressioni matematiche, l'uguaglianza possa rimanere verificata.

Primo principio di equivalenza

Aggiungendo o sottraendo la stessa quantità alle due espressioni matematiche (ovvero da entrambi i lati dell'uguale), l'uguaglianza rimane verificata.

Prendiamo, ad esempio, la seguente e semplice uguaglianza numerica:

$$7 + 3 = 10$$

Aggiungiamo a destra e sinistra dell'uguale una stessa quantità arbitraria, ad esempio 5:

$$7 + 3 + 5 = 10 + 5$$

Può sembrare un principio banale e intuitivo, ma ricordare che rimane valido anche per le equazioni ci aiuta.

Ad esempio, vedremo che scrivere:

$$3 + x = 5$$

è perfettamente equivalente a scrivere:

$$2 + 3 + x = 2 + 5$$

Secondo principio di equivalenza

Moltiplicando o dividendo per una stessa quantità entrambi i membri di un'equazione, l'uguaglianza rimane verificata. Ad esempio:

$$7 + 3 = 10$$

Rimane verificata se moltiplico a destra e sinistra per 3:

$$3 \cdot (7 + 3) = 3 \cdot 10;$$
$$30 = 30$$

Anche per un'equazione, dove comparirà un termine incognito, il principio resta uguale, per cui scrivere:

$$3 + x = 5$$

sarà equivalente a:

$4(3x + 5) = 4 \cdot 5$

11.3. Risolvere un'equazione di primo grado

Risolvere un'equazione significa individuare le **radici** dell'equazione, ovvero rintracciare quel (o quei) valori dell'incognita per cui i l'uguaglianza è verificata.

È evidente, quindi, che possiamo trovare una sola soluzione, nessuna soluzione o infinite soluzioni.

I due **principi di equivalenza** che abbiamo appena passato in rassegna ci aiutano a risolvere le equazioni di primo grado.

Prendiamo, ad esempio, la seguente equazione:

$$x + 3 = 8 - x$$

Il primo principio di equivalenza mi dice che posso sommare o sottrarre qualsiasi quantità da entrambi i lati dell'uguale, mantenendo vera l'uguaglianza.

Posso decidere, ad esempio di sottrarre a destra e sinistra 3 e sommare a destra e sinistra x:

$$x + 3 - 3 + x = 8 - x - 3 + x$$
$$x + x = 8 - 3$$

Così facendo ho portato tutti i termini incogniti da un lato e i termini noti dall'altro.

A questo punto sommo i termini simili:

$$2x = 5$$

Ora, per ricavare la x, sfrutto il secondo principio di equivalenza, dividendo sia a destra che a sinistra dell'uguale per 2:

$$\frac{2x}{2} = \frac{5}{2}$$
$$x = \frac{5}{2}$$

Abbiamo svolto tutti i passaggi necessari per risolvere un'equazione di primo grado.

Nota bene, adesso ci siamo curati di ricordare come si usano i principi di equivalenza ma, nella pratica, si traducono semplicemente in questo semplice assunto: i termini dell'equazione possono essere spostati da un lato all'altro dell'uguale cambiando il loro segno; si può spostare un coefficiente da un lato all'altro invertendo l'operazione.

Vediamo cosa intendiamo, con un altro esempio:

$$x + 7 = 23 - 3x$$

Come prima cosa portiamo tutti i termini con l'incognita a sinistra e i numeri a destra. Per farlo ci serviamo del primo principio di equivalenza che, come detto, si traduce nel poter spostare i termini da una parte all'altra cambiando segno:

$$\begin{aligned} x + 3x &= 23 - 7 \\ 4x &= 16 \end{aligned}$$

Adesso dobbiamo portare dall'altro lato il coefficiente 4, sfruttando il secondo principio di equivalenza. All'atto pratico essendo moltiplicato a sinistra, per portarlo a destra devo invertire l'operazione e quindi dividerlo:

$$x = \frac{16}{4} = 4$$

Vediamo adesso due casi particolari. Prendiamo in esame la seguente equazione:

$$2x - 3 = 2x - 3$$

Con gli opportuni passaggi troviamo che:

$$\begin{aligned} 2x - 2x &= 3 - 3 \\ 0 &= 0 \end{aligned}$$

Abbiamo trovato un'identità. Un'equazione del genere è sempre verificata, qualsiasi sia il valore che diamo alla x (provare per credere!).

La soluzione, quindi è **indeterminata** e possiamo scrivere il risultato come segue, con simboli di "matematichese" che ormai conosciamo:

$$\forall x \in \mathbb{R}$$

Un altro caso particolare è quello in cui nessun valore di x soddisferebbe l'equivalenza. Vediamo, a titolo d'esempio:

$$3x - 4 = 7 + 3x$$

Risolviamo:

$$0 = 11$$

È evidente che questa equivalenza non è mai verificata, indipendentemente dal valore che diamo alla x che, infatti, scompare.

In questo caso non esiste soluzione e risolvere l'equazione è **impossibile**, per cui diremo che l'insieme delle soluzioni è un insieme vuoto:

$$\emptyset$$

Sei pronto per risolvere equazioni di primo grado in autonomia!

Esercizi

Risolvi le seguenti equazioni di primo grado.

1) $4(3x + 1) = 2x - 7$

2) $(x - 5)(x + 5) = x^2 - 3x + 1$

3) $12x + 2x - 24 = 4(2x - 8)$

4) $4 + 3x = 8 - x$

5) $3(4 + 3x) = 6 + 9x$

6) $4x + 2 = 2(2x + 1)$

SOLUZIONI

1) $x = -\frac{11}{10}$

2) $x = \frac{26}{3}$

3) $x = -\frac{4}{3}$

4) $x = 1$

5) $\emptyset$

6) $\forall x \in \mathbb{R}$

I segreti svelati in questo capitolo

Per la prima volta abbiamo dato un valore a quelle lettere che si ponevano ingombranti nelle nostre espressioni matematiche.

Ecco cosa abbiamo imparato:

1. Cosa sono **equazioni** e **identità**.

2. Il primo e il secondo **principio di equivalenza**.

3. Come si risolve un'**equazione di primo grado**.

La risoluzione di equazioni è un pilastro della matematica. Abbiamo imparato a risolvere il tipo più semplice possibile, ma in ogni grado di istruzione si impara a risolverne di nuove, sempre più complesse e alcune, tutt'oggi, sono irrisolvibili analiticamente, tanto da richiedere metodi di approssimazione numerica che pretendono dai nostri computer una significativa potenza di calcolo.

Hai compiuto un primo passo in un percorso decisamente importante! Tutti i fenomeni che ci circondano sono descrivibili con modelli matematici, ovvero con equazioni!

12. EQUAZIONI FRATTE DI PRIMO GRADO

12.1. Cos'è un'equazione fratta

Un'equazione fratta non è poi così diversa da una tradizionale, per cui non spaventarti. L'unica differenza, in questo caso, è che l'incognita compare, almeno una volta, al denominatore.

Quindi presta attenzione: è necessario che al denominatore compaia l'incognita, non è sufficiente che ci sia una frazione per definirla un'equazione fratta.

Ad esempio:

$$\frac{2}{3}x + \frac{27x + 10}{8} = 3x$$

non è un'equazione fratta, poiché la x non compare mai al denominatore. Al contrario:

$$\frac{27 - 4x}{x + 1} = 4$$

è una disequazione, poiché la x compare anche al denominatore.

12.2. Campo di esistenza

A differenza delle equazioni viste nel paragrafo precedente, in questo caso risulterà necessario calcolare le condizioni di esistenza (o **campo di esistenza**).

Sappiamo, infatti, che il denominatore di una frazione non può mai essere nullo, poiché una divisione per zero non restituisce valori nell'insieme dei numeri reali. È necessario, quindi, imporre la sua disuguaglianza da zero.

Prendiamo ancora come esempio la seguente equazione:

$$\frac{27 - 4x}{x + 1} = 4$$

Calcolo il campo di esistenza imponendo il denominatore diverso da zero:

$$x + 1 \neq 0$$

che si risolve esattamente come se fosse un'equazione, per cui:

$$x \neq -1$$

Questo significa dire che, anche se tra i risultati dovessimo rintracciare un valore di -1, dovremmo escludere tale radice perché non soddisfa il campo di esistenza. Tale operazione va sempre eseguita per le equazioni fratte.

12.3. Risoluzione di equazioni fratte

Calcolato il C.E., possiamo procedere alla riduzione in forma normale dell'equazione, sfruttando il minimo comune multiplo:

$$\frac{27 - 4x - 4x - 4}{x + 1} = 0$$

Sommiamo i termini simili:

$$\frac{23 - 8x}{x + 1} = 0$$

Ricordiamo, inoltre, il secondo principio di equivalenza:

$$23 - 8x = 0$$

Ricaviamo l'incognita:

$$x = \frac{23}{8}$$

La soluzione non è esclusa dal campo di esistenza e, quindi, è valida.
Anche le equazioni fratte, naturalmente, potrebbero risultare impossibili o indeterminate.

I segreti svelati in questo capitolo

In questo capitolo hai avuto modo di ripassare le equazioni approfondendo i seguenti temi:

1. Cos'è un'**equazione fratta**.

2. Cos'è un **campo di esistenza** e come si calcola.

3. Come si risolve un'equazione fratta.

13. SISTEMI LINEARI DI EQUAZIONI DI PRIMO GRADO

Abbiamo appena imparato a risolvere le equazioni di primo grado e ora, non ci fermiamo nella nostra scalata ed alziamo ancora un po' l'asticella.

Se volessimo risolvere più di una equazione contemporaneamente?

13.1. Cos'è un sistema lineare

Affronteremo il problema dei sistemi lineari di primo grado. Ognuno dei termini di questa locuzione può aiutarci a capire di cosa stiamo parlando.

Un **sistema** è un insieme di più equazioni ed è **lineare** quando ci sono tante equazioni quante sono le incognite. Se tutte le equazioni sono di primo grado, allora anche il sistema si dice di **primo grado**.

Facciamo un esempio:

$$\begin{cases} 2x + 3y + z = 2 \\ 7y + z + 3x = 0 \end{cases}$$

non è un sistema lineare poiché ci sono tre incognite (x, y, z) ma soltanto due equazioni. Al contrario:

$$\begin{cases} x + 3y + 4 = 8 \\ 7y + x + 3 = 1 \end{cases}$$

è un **sistema lineare** poiché ci sono due incognite e due equazioni. Per giunta, si tratta di un sistema di primo grado, essendo tutte le equazioni di primo grado.

Ci concentreremo sulla risoluzione di sistemi lineari a due equazioni ma analoga è la risoluzione di sistemi più folti.

Esistono diversi metodi per risolvere un sistema lineare e passeremo in rassegna i principali nei prossimi paragrafi.

13.2. Metodo di sostituzione

Il metodo di sostituzione è, indubbiamente, quello più semplice e intuitivo, nonché quello che probabilmente si tende ad usare di più. Consiste nel rintracciare un'incognita in una delle due equazioni e sostituirla nell'altra.

Passiamo subito ad un esempio:

$$\begin{cases} x + 3y + 4 = 8 \\ 7y + x + 3 = 1 \end{cases}$$

Riscriviamo, innanzi tutto, le equazioni in forma normale:

$$\begin{cases} x + 3y - 4 = 0 \\ x + 7y + 2 = 0 \end{cases}$$

Ricaviamo, ora, la x dalla prima equazione (sarebbe stato analogo ricavare la y oppure usare la seconda equazione):

$$\begin{cases} x = -3y + 4 \\ x + 7y + 2 = 0 \end{cases}$$

Sostituiamo l'espressione di x appena trovata nella seconda equazione:

$$\begin{cases} x = -3y + 4 \\ -3y + 4 + 7y + 2 = 0 \end{cases}$$

$$\begin{cases} x = -3y + 4 \\ 4y + 6 = 0 \end{cases}$$

Nella seconda equazione, adesso, compare soltanto l'incognita y, per cui possiamo risolverla come abbiamo già imparato a fare:

$$\begin{cases} x = -3y + 4 \\ y = -\frac{6}{4} = -\frac{3}{2} \end{cases}$$

Sostituiamo la y nella prima equazione:

$$\begin{cases} x = -3(-\frac{3}{2}) + 4 \\ y = -\frac{3}{2} \end{cases}$$

$$\begin{cases} x = \frac{9}{2} + 4 = \frac{9+8}{2} = \frac{17}{2} \\ y = -\frac{3}{2} \end{cases}$$

Abbiamo trovato la soluzione (x,y).

Anche se sarà un argomento di cui parleremo molto più avanti, geometricamente un sistema non è altro che l'**intersezione** tra le due curve rappresentate dalle equazioni.

Essendo equazioni di primo grado, le nostre due curve in questione sono due rette, che si intersecheranno nel punto (x,y) appena individuato.

13.3. Metodo di confronto

Questo secondo metodo, alternativo al precedente, prevede, invece di confrontare le due equazioni rispetto ad un termine in comune. Viene utilizzato quando almeno un termine delle equazioni è uguale oppure può essere facilmente ottenuta tale uguaglianza con i principi di equivalenza.

Caliamoci immediatamente in un esempio:

$$\begin{cases} 2x + 7y - 9 = 0 \\ 2x + 12y + 1 = 0 \end{cases}$$

Notiamo, immediatamente, che il termine 2x è comune ad entrambe le equazioni, già espresse in forma normale. Esplicitiamo, allora, quel comune termine in entrambe le equazioni:

$$\begin{cases} 2x = -7y + 9 \\ 2x = -12y - 1 \end{cases}$$

A questo punto, se i termini a sinistra dell'uguale sono visibilmente identici, anche quelli a destra dovranno esserlo.

Per questo motivo conserviamo una delle due equazioni a scelta e, al posto dell'altra, uguagliamo i termini a destra:

$$\begin{cases} 2x = -7y + 9 \\ -7y + 9 = -12y - 1 \end{cases}$$

Risolviamo la seconda equazione per y:

$$\begin{cases} 2x = -7y + 9 \\ 5y + 10 = 0 \end{cases}$$

$$\begin{cases} 2x = -7y + 9 \\ y = -\frac{10}{5} = -2 \end{cases}$$

Sostituiamo la y nella prima equazione:

$$\begin{cases} 2x = -7(-2) + 9 \\ y = -2 \end{cases}$$

$$\begin{cases} x = \frac{23}{2} \\ y = -2 \end{cases}$$

13.4. Metodo di riduzione

Il metodo di riduzione, invece, prevede di sommare algebricamente le due equazioni per ottenerne una nuova in cui una delle due incognite scompare.
Per poterlo fare è necessario che almeno un termine sia, in valore assoluto, uguale a quello analogo dell'altra equazione. Se così non fosse potremmo sfruttare i principi di equivalenza per ottenerlo.

Si tratta di un vero e proprio gioco di prestigio, con tanto di sparizione, più elaborato della sostituzione ma senza dubbio di effetto!

Prendiamo, ad esempio, il seguente sistema:

$$\begin{cases} 2x + y + 1 = 0 \\ x + 3y - 2 = 0 \end{cases}$$

Non ci sono termini uguali tra le due equazioni, allora posso moltiplicare a destra e a sinistra dell'uguale la seconda equazione per 2:

$$\begin{cases} 2x + y + 1 = 0 \\ 2x + 6y - 4 = 0 \end{cases}$$

Ho ottenuto i due termini uguali. Ora, sottraggo la seconda alla prima membro a membro per ottenere una nuova equazione. Nel sistema porterò con me un'equazione di partenza a scelta e questa nuova ottenuta:

$$\begin{cases} 2x + y + 1 = 0 \\ -5y + 5 = 0 \end{cases}$$

Dalla seconda posso ricavare y:

$$\begin{cases} 2x + y + 1 = 0 \\ y = 1 \end{cases}$$

Sostituisco y nella prima e ricavo x:

$$\begin{cases} 2x + 1 + 1 = 0 \\ y = 1 \end{cases}$$

$$\begin{cases} x = -1 \\ y = 1 \end{cases}$$

13.5. Metodo di Cramer

Passiamo in rassegna l'ultimo metodo di risoluzione per i sistemi lineari di primo grado. Il metodo prende il nome dal suo inventore, il matematico svizzero del '700 **Gabriel Cramer**.

Riconosco che il metodo di Cramer è una complicazione matematica rispetto agli altri due e che per sistemi di più di due equazioni inizierebbe a diventare inutilmente complesso. Tuttavia, rimane un'alternativa ai metodi precedenti ed è completamente diverso da quelli visti fino ad ora.

Prendiamo, ad esempio, il seguente sistema:

$$\begin{cases} 3x + y = 5 \\ x + 6y = 1 \end{cases}$$

Per applicare il metodo di Cramer è comodo che le equazioni si presentino proprio in questa forma. Raccogliamo i coefficienti dei termini in x e y delle equazioni in una specie di tavola che, matematicamente, prende il nome di **matrice**:

$$\begin{bmatrix} 3 & 1 \\ 1 & 6 \end{bmatrix}$$

Definiamo ora il **determinante** della matrice appena scritta, che si calcola come la differenza tra il prodotto dei termini sulla diagonale principale e quelli sulla diagonale secondaria.

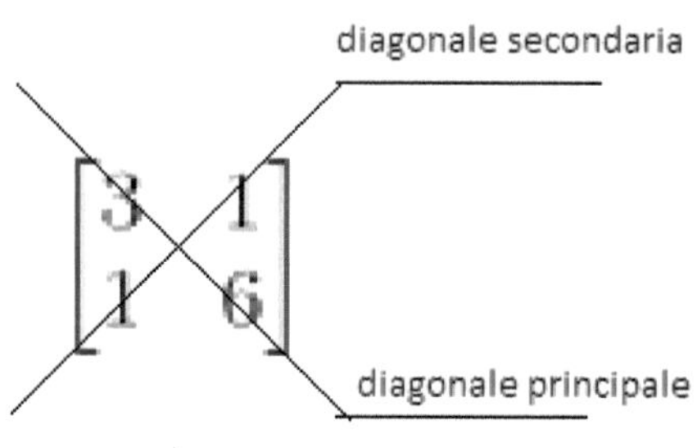

$$D = 6 \cdot 3 - 1 \cdot 1 = 18 - 1 = 17$$

Il determinante della **matrice dei coefficienti** ci fornisce subito un'informazione preziosa e su questo Cramer è più potente degli altri metodi: se D=0 allora il sistema è indeterminato o impossibile, altrimenti possiamo proseguire col metodo e trovare le radici del nostro sistema.

Scriviamo, ora un'altra matrice che chiameremo **matrice delle x** e sarà composta dai termini noti e dai coefficienti delle y:

$$\begin{bmatrix} 5 & 1 \\ 1 & 6 \end{bmatrix}$$

Calcoliamo il determinante:

$$D_x = 6 \cdot 5 - 1 \cdot 1 = 30 - 1 = 29$$

Scriviamo l'ultima matrice, che chiamiamo **matrice delle y** ed è composta dai coefficienti delle x e dai termini noti e calcoliamone il determinante:

$$\begin{bmatrix} 3 & 5 \\ 1 & 1 \end{bmatrix}$$

$$D_y = 3 \cdot 1 - 5 \cdot 1 = 3 - 5 = -2$$

Le due soluzioni x e y del nostro sistema saranno le seguenti:

$$x = \frac{D_x}{D} = \frac{29}{17}$$

$$y = \frac{D_y}{D} = -\frac{2}{17}$$

Naturalmente, tutti i metodi che abbiamo affrontato consentono di risolvere anche **sistemi di equazioni fratte**, con la solita accortezza del campo di esistenza.

I segreti svelati in questo capitolo

Una sola equazione per volta non ci bastava e, quindi, abbiamo imparato:

1. Cos'è un **sistema lineare di equazioni di primo grado**.

2. I **metodi di risoluzione** (Sostituzione, Confronto, Riduzione e Cramer).

14. DISEQUAZIONI DI PRIMO GRADO

14.1. Concetto di disequazione

Anche la matematica, come la vita, non è fatta di sole uguaglianze, ma anche di diversità che è giusto imparare a conoscere ed apprezzare.

Una disequazione di primo grado, a differenza delle equazioni, ci dirà in quale **intervallo di valori** dovrò scegliere di collocare l'incognita per soddisfare quell'espressione.

Proprio come le diversità che caratterizzano il genere umano, quindi, una disequazione di primo grado può fornire un ventaglio di soluzioni, senza accontentarsi della sola soluzione sentenziata dall'equazione.

Vediamo un esempio:

$$2x + 7 > 3$$

è una disequazione, poiché compare il simbolo "**maggiore**" ed è di primo grado perché il massimo esponente dell'incognita è uno.

$$3x + 1 < 3$$

Anche questa è una disequazione di primo grado, anche se questa volta compare il simbolo "**minore**".

$$2x + 7 \geq 3$$

$$3x + 1 \leq 3$$

Anche queste sono disequazioni, in cui i simboli di "**maggiore o uguale**" e "**minore o uguale**" indicano che andranno bene tutti i valori di x che soddisfano la disequazione o l'equazione. Anche una disequazione, come un'equazione, può essere scritta nella sua **forma normale**:

$$3x - 2 \leq 0$$

14.2. Risolvere una disequazione di primo grado

Risolvere una disequazione di primo grado non è poi così diverso dal risolvere un'equazione, tuttavia, va prestata attenzione al "**verso**" della disequazione, ovvero al simbolo di disuguaglianza che divide i due lati della disequazione. Anche i principi di equivalenza vanno trattati con i guanti e non possono sempre essere applicati per una disequazione.

Prendiamo, ad esempio, la semplice disequazione numerica:

$$-3 < 2$$

Se provassi a moltiplicare a destra e a sinistra della disequazione per -1, otterrei:

$$3 < -2$$

che è palesemente falsa. Quindi non posso prescindere dall'osservare il verso della disequazione.

Nello specifico, moltiplicare per -1 significa cambiare i segni da entrambi i lati. È un'operazione che posso fare, ma in tal caso mi dovrò ricordare di **cambiare anche il verso** della disequazione:

$$3 > -2$$

Stessa cosa vale per le disequazioni di primo grado. Supponiamo di avere una x negativa, come nell'esempio seguente:

$$-2x - 5 > 4$$

In una disequazione è sempre opportuno avere le incognite positive; quindi, posso tranquillamente cambiare segno a tutti i termini della disequazione, ma dovrò ricordarmi di cambiare anche il verso della stessa:

$$2x + 5 < -4$$

Proviamo, ora, a risolvere insieme la seguente disequazione:

$$4x + 7 > 5x + 9$$

Scriviamo, innanzi tutto la disequazione in forma normale:

$$4x + 7 - 5x - 9 > 0$$

$$-x - 2 > 0$$

Ricordiamo che possiamo cambiare il segno ed invertire il verso:

$$x + 2 < 0$$

da cui:

$$x < -2$$

Il risultato della disequazione ci dice che è soddisfatta per qualsiasi numero reale minore di 2.

14.3. Disequazioni prodotto e "falso sistema"

Cosa succede se ho una disequazione in cui appare il **prodotto di due polinomi**? Immaginiamo di dover risolvere qualcosa del genere:

$$(x+3)(x-2) \geq 0$$

Una simile disequazione può essere schematizzata come segue:

$$P(x) \cdot Q(x) \geq 0$$

Provando a ragionare da un punto di vista puramente logico, vogliamo che il prodotto tra P e Q sia positivo o, al più, uguale a zero. Sia P che Q, presi individualmente, possono essere positivi o negativi.

Le possibili combinazioni sono:

✓

1. $P(x) \geq 0; \ Q(x) \geq 0$

In tal caso avrei il prodotto di due valori positivi che è a sua volta positivo, soddisfacendo la disequazione di partenza.

2. $P(x) \geq 0; \ Q(x) \leq 0$

Dove il prodotto tra due valori di segno opposto mi darebbe un valore negativo che non sarebbe in grado di soddisfare la disequazione.

$$3.\ P(x) \leq 0;\ Q(x) \geq 0$$

Analogo al caso precedente.

✓

$$4.\ P(x) \leq 0;\ Q(x) \leq 0$$

Qui, analogamente al primo caso, il prodotto di due valori dello stesso segno fornisce un risultato positivo.

Non ci resta che trovare un modo per formalizzare questo ragionamento logico in un algoritmo che ci consenta di risolvere la disequazione prodotto.

Costruiamo quello che, in gergo, chiameremo "**falso sistema**". Lo definiamo "falso" poiché non è un sistema nel senso stretto del termine, come quello che abbiamo visto per le equazioni e che vedremo per le disequazioni, il cui obiettivo è trovare l'intersezione delle soluzioni.

Lo scopo di questo falso sistema, invece, è quello di **studiare il segno** nei diversi intervalli della nostra disequazione. Per distinguerlo anche visivamente, lo raccoglieremo in parentesi quadre e non graffe.

Scegliamo, ad esempio, di voler conoscere in quali intervalli i polinomi P(x) e Q(x) sono positivi, per cui scriveremo:

$$\left[\begin{array}{l} P(x) \geq 0 \\ Q(x) \geq 0 \end{array}\right.$$

Nel nostro caso:

$$\left[\begin{array}{l} x+3 \geq 0 \\ x-2 \geq 0 \end{array}\right.$$

Risolviamo le due disequazioni:

$$\left[\begin{array}{r} x \geq -3 \\ x \geq 2 \end{array}\right.$$

Rappresentiamo su rette numeriche questi intervalli:

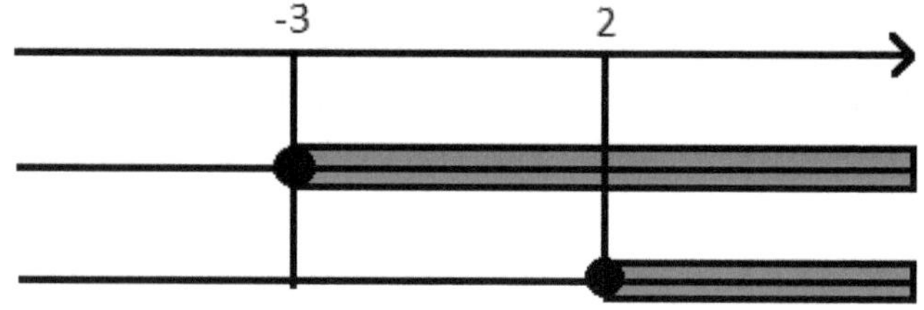

Con il pallino abbiamo evidenziato il fatto che possiamo accettare anche valori proprio uguali a -3 nel primo intervallo e 2 nel secondo.

Ricordiamo che nello scrivere un "falso sistema" imporremo il maggiore o uguale se nella disequazione di partenza è presente l'uguaglianza.

I tratti evidenziati sono quelli in cui i polinomi risultano positivi e, di conseguenza, negli altri intervalli sono negativi.

Aiutiamoci con un segno:

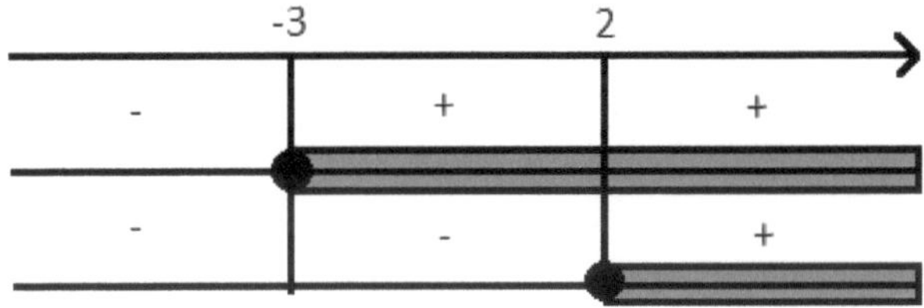

Questi sono, individualmente, i segni che i polinomi assumono in ogni intervallo. Ricordiamo, però, che siamo interessati al segno complessivo del loro prodotto.

Procediamo, quindi, con lo studio del segno in ogni intervallo, ricordando che il prodotto tra due segni uguali è positivo e tra due segni opposti è negativo:

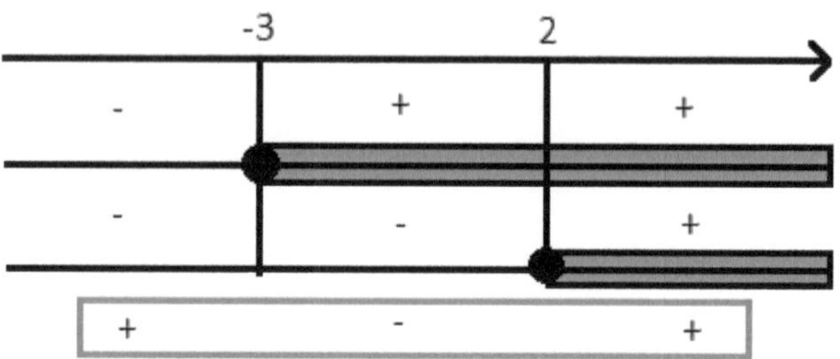

Sappiamo, finalmente, in ogni intervallo quale segno assume il prodotto. Ricordando che la disequazione da cui siamo partiti era:

$$(x+3)(x-2) \geq 0$$

il simbolo di "maggiore o uguale" ci ricorda che siamo interessati a sapere quando quel prodotto è positivo; quindi, selezioniamo i "+" nel nostro studio del segno:

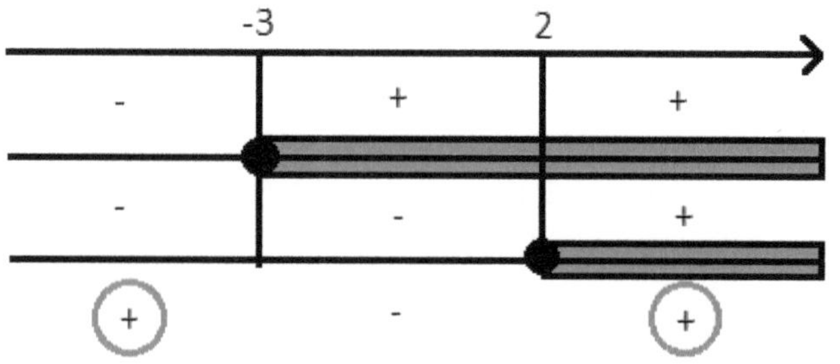

Quindi, la soluzione della disequazione prodotto sarà:

$$x \leq -3 \cup x \geq 2$$

Che possiamo scrivere anche come:

$$(-\infty; -3] \cup [2; +\infty)$$

Le parentesi quadre denotano il fatto che l'estremo dell'insieme è incluso, al contrario delle tonde.

14.4. Disequazioni fratte di primo grado

Come nel caso delle equazioni, anche qui dobbiamo trattare separatamente il problema delle disequazioni fratte, in cui l'incognita compare anche al denominatore. Capiamo come risolverle sfruttando direttamente un esempio:

$$\frac{2}{x+7} > 3$$

Come per le equazioni, la prima cosa da fare è il calcolo del **campo di esistenza**. In questo caso:

$$x \neq -7$$

Riportiamo, ora, la disequazione in una forma normale, con una sola frazione a sinistra e uno zero a destra:

$$\frac{2}{x+7} - 3 > 0$$

$$\frac{2-3(x+7)}{x+7} > 0$$

$$\frac{2-3x-21}{x+7} > 0$$

$$\frac{-3x-19}{x+7} > 0$$

Questa volta, a differenza delle equazioni, **il denominatore non può essere eliminato** sfruttando i principi di equivalenza, poiché sarà necessario conoscere il suo segno per determinare quello della frazione, con un ragionamento analogo a quello delle disequazioni prodotto.

Anche qui, infatti, dovremo procedere con un "falso sistema" che ci consentirà di studiare il segno di numeratore e denominatore e, di conseguenza, della frazione.

$$\left[\begin{array}{c} -3x - 19 > 0 \\ x + 7 > 0 \end{array}\right.$$

$$\left[\begin{array}{c} 3x + 19 < 0 \\ x + 7 > 0 \end{array}\right.$$

$$\begin{bmatrix} x < -\frac{19}{3} \\ x > -7 \end{bmatrix}$$

Procediamo con il grafico degli intervalli, come fatto in precedenza:

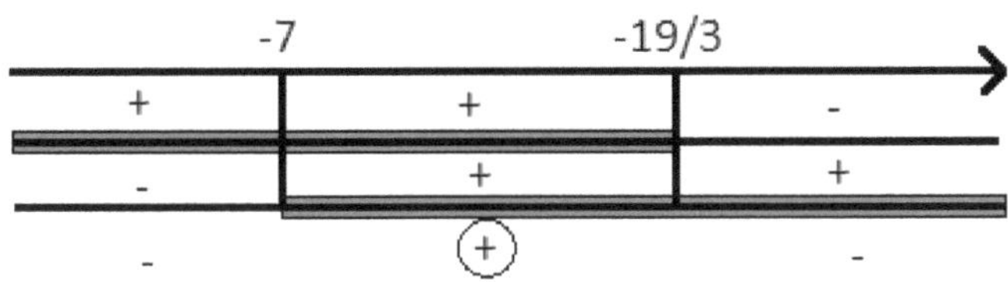

Il risultato della disequazione fratta sarà:

$$-7 < x < -\frac{19}{3}$$

che si legge come “x compreso tra -7 e -19/3”.

Esercizi

Risolvi le seguenti disequazioni, facendo attenzione a distinguere quelle standard, le disequazioni prodotto e le fratte. Non dimenticare il campo di esistenza quando richiesto.

$$1)\ 3x(2x+3) > 6x(x+1)$$

$$2)\ x + 14 - 3(x+2) > 2 - 3x$$

$$3)\ \frac{3x+2}{7} - 12 + \frac{4x}{3} > 5$$

$$4)\ \frac{5}{x+2} - 12 \leq \frac{x}{x+2}$$

$$5)\ (x+7)(x+14) \geq 0$$

$$6)\ x^2 - 9 > 0$$

SOLUZIONI

1) $x > 0$; 2) $x > -6$; 3) $x > \frac{351}{37}$;

4) $x < -2 \cup x \geq -\frac{19}{13}$; 5) $x \leq -14 \cup x \geq -7$

6) $x < -3 \cup x > 3$

I segreti svelati in questo capitolo

Se non è uguale è diverso, ma la diversità non ci crea problemi, perché oggi abbiamo imparato:

1. Cos'è una **disequazione**.

2. Come si risolve una **disequazione di primo grado**.

3. Come si risolve una **disequazione prodotto** e cosa si intende per "**falso sistema**".

4. Come si risolve una **disequazione fratta di primo grado**.

15. SISTEMI DI DISEQUAZIONI DI PRIMO GRADO

15.1. Cos'è un sistema di disequazioni

Anche per le disequazioni, saperle risolvere una per volta non ci basta e ci può tornare utile raccoglierle tutte in un sistema e trovare la soluzione comune. Si tratta, in questo caso, di individuare un intervallo di esistenza dell'incognita che soddisfi ogni singola disequazione. Se ragionassimo in termini di insiemi dovremmo pensare a qualcosa del genere:

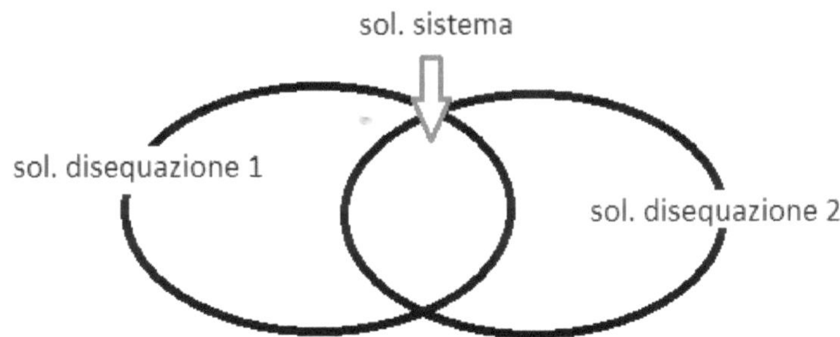

dove l'**intersezione** delle singole soluzioni delle disequazioni fornisce la soluzione del sistema.

15.2. Risolvere un sistema di disequazioni

Vediamo subito come risolvere un sistema di disequazioni di primo grado attraverso un semplice esempio:

$$\begin{cases} 2x + 3 \geq 4 \\ 9 + 7x > 3 \end{cases}$$

Portiamo, innanzi tutto le disequazioni in forma normale:

$$\begin{cases} 2x \geq 1 \\ 7x > -6 \end{cases}$$

Risolviamo singolarmente le disequazioni:

$$\begin{cases} x \geq \frac{1}{2} \\ x > -\frac{6}{7} \end{cases}$$

Disegniamo, ora, uno schema analogo a quello del "falso sistema" ma fai attenzione, adesso è un sistema vero!

Non saremo più interessati allo studio del segno, infatti, ma all'intersezione delle soluzioni:

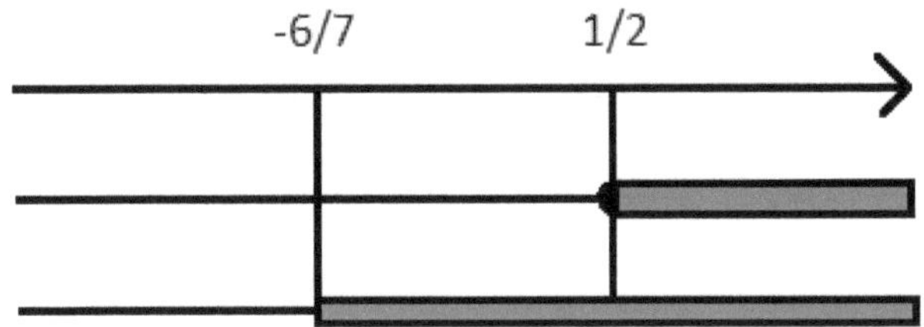

Individuare l'intersezione delle soluzioni significa prendere gli intervalli evidenziati contemporaneamente per entrambe le disequazioni:

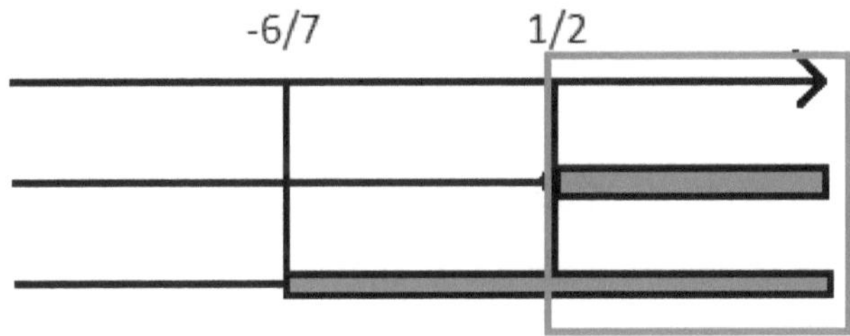

La soluzione, quindi, sarà:

$$x \geq \frac{1}{2}$$

Oppure, con altra notazione:

$$\left[\frac{1}{2}, \infty\right)$$

Nota bene, il segno di uguaglianza va messo perché, come vediamo dallo schema, per la prima disequazione c'è un pallino a ricordarcelo e nell'altra equazione il valore di ½ è chiaramente incluso. Qualora non ci fosse stata alcuna intersezione, naturalmente, il sistema non avrebbe avuto soluzione.

In un sistema di disequazioni possono comparire, ovviamente, anche **disequazioni prodotto o fratte**, ma il ragionamento è sempre analogo: le risolveremo individualmente come abbiamo visto nel capitolo precedente e i risultati dovranno essere intersecati come abbiamo appena visto.

Un sistema di disequazioni, inoltre, si risolve facilmente anche quando il numero di disequazioni è superiore a due. In quel caso cercheremo un'intersezione comune a tutte le disequazioni presenti.

È possibile che ti venga proposta un sistema di disequazioni con una notazione ad intervallo:

$$-5 \leq x \leq 3$$

Questo resta a tutti gli effetti un sistema, che può essere sciolto nelle due disequazioni seguenti:

Esercizi

Risolvi i seguenti sistemi di disequazioni di primo grado.

1) $\begin{cases} 6x(2-3x) \geq 3-18x^2 \\ 12x+2<3 \end{cases}$

2) $\begin{cases} \frac{2x+3(x+1)}{2}+\frac{3}{7}>2 \\ \frac{4x+7}{2}>0 \end{cases}$

SOLUZIONI

1) $\emptyset$; 2) $x>\dfrac{1}{35}$;

I segreti svelati in questo capitolo

Nonostante non abbiamo introdotto enormi novità da un punto di vista concettuale, ho voluto separare questo capitolo dalla trattazione delle disequazioni della precedente sezione poiché è fondamentale che tu comprenda la differenza tra "falso sistema" (o studio del segno) e **vero sistema**.

Sappiamo che il primo si usa per risolvere disequazioni fratte e prodotto, mentre oggi abbiamo imparato:

1. Cos'è un **sistema di disequazioni di primo grado**.

2. Come si trova **l'insieme delle soluzioni** del sistema come intersezione tra le soluzioni delle singole equazioni.

16. EQUAZIONI DI SECONDO GRADO

16.1. Cos'è un'equazione di secondo grado

Continuiamo ad aggiungere un altro mattoncino al nostro sapere matematico, passando all'analisi delle equazioni di secondo grado.

Abbiamo imparato cos'è un'equazione ed è intuitivo che l'aumento del grado consista soltanto nell'aumento del grado del polinomio a sinistra dell'uguale nella forma normale dell'equazione:

$$ax^2 + bx + c = 0$$

Rintracciare il valore dell'incognita, dunque, non è più immediato come prima, ma richiederà l'utilizzo di una semplice formula che vedremo a breve.

Per ora, ci limitiamo a definire in maniera semplice un'equazione di secondo grado come quella in cui vediamo l'incognita comparire con grado due ed, eventualmente, inferiori.

Nota bene, non sempre è immediato visualizzare l'incognita di secondo grado. Pensiamo al seguente esempio:

$$(2x + 3)(x - 2) = 0$$

Risolvendo il prodotto, otteniamo:

$$2x^2 + 3x - 4x - 6 = 0$$
$$2x^2 - x - 6 = 0$$

Svolto il prodotto dei binomi e scritta in forma normale, risulta evidente che si tratti di un'equazione di secondo grado.

16.2. Numero di soluzioni

Prima ancora di imparare la formula risolutiva delle equazioni di secondo grado, la matematica ci consente di compiere una piccola magia, riuscendo ad individuare in anticipo quante soluzioni avrà la nostra equazione.

Dobbiamo, infatti, pensare che al grado dell'equazione corrisponde anche il numero massimo di soluzioni della stessa. Nel caso di un'equazione di secondo grado, quindi, potremo avere al massimo due soluzioni distinte.

Partiamo dalla **forma normale** dell'equazione:

$$ax^2 + bx + c = 0$$

Dove $a \neq 0$, altrimenti torneremo ad un'equazione di primo grado. Quello che vogliamo imparare a conoscere è il **numero di soluzioni reali** che l'equazione ammette.

Ricordiamo che per "reali" intendiamo le soluzioni che ricadono nell'insieme dei numeri reali $\mathbb{R}$.

I casi possibili sono i seguenti:

1. L'equazione ammette due soluzioni reali.

2. L'equazione ammette una sola soluzione reale.

3. L'equazione non ammette soluzioni reali.

Definiamo, a questo punto, quello che viene denominato "**delta dell'equazione**" (Δ):

$$\Delta = b^2 - 4ac$$

Il segno del delta ci consente di determinare il numero di soluzioni dell'equazione:

1. Se $\Delta > 0$ l'equazione ha due soluzioni reali distinte.

2. Se $\Delta = 0$ l'equazione ha una sola soluzione reale.

3. Se $\Delta < 0$ l'equazione non ha soluzioni reali.

Facciamo un esempio:

$$2x^2 - 7x + 3 = 0$$

Calcoliamo il delta di questa equazione:

$$\Delta = b^2 - 4ac = (-7)^2 - 4 \cdot (2 \cdot 3) = 49 - 24 = 25$$

In questo caso $\Delta > 0$ e quindi l'equazione avrà due soluzioni reali distinte.

Consideriamo, invece, il seguente esempio:

$$x^2 + 4x + 4 = 0$$

Calcoliamo il delta:

$$\Delta = b^2 - 4ac = 4^2 - 4 \cdot (1 \cdot 4) = 16 - 16 = 0$$

Questa volta $\Delta = 0$, quindi l'equazione ha una sola soluzione. Valutiamo un ultimo esempio:

$$x^2 - 2x + 10 = 0$$

Calcoliamo il delta:

$$\Delta = b^2 - 4ac = (-2)^2 - 4 \cdot (1 \cdot 10) = 4 - 40 = -36$$

In quest'ultimo esempio $\Delta < 0$, per cui l'equazione non ha soluzioni reali.

16.3. Formula risolutiva

Come possiamo calcolare le soluzioni di un'equazione di secondo grado? Esiste una formula risolutiva, detta anche "**formula del delta**" che riportiamo di seguito:

$$x_{1,2} = \frac{-b \pm \sqrt{\Delta}}{2a}$$

Dove il Δ è esattamente quello che abbiamo definito nel paragrafo precedente. Proviamo a calcolare la soluzione del primo esempio del paragrafo precedente:

$$2x^2 - 7x + 3 = 0$$

$$x_{1,2} = \frac{-b \pm \sqrt{\Delta}}{2a} = \frac{7 \pm \sqrt{25}}{4} = \frac{7 \pm 5}{4}$$

$$x_1 = \frac{7+5}{4} = 3$$
$$x_2 = \frac{7-5}{4} = \frac{1}{2}$$

Come ci aspettavamo, abbiamo ottenuto due soluzioni reali distinte. Dalla formula risolutiva delle equazioni di secondo grado capiamo anche perché il segno di delta ci comunica il numero di soluzioni.

Se il delta è positivo, infatti, mi troverò a sommare e sottrarre un numero reale ad un altro, ottenendo inevitabilmente due soluzioni, come in questo caso.

Se il delta fosse uguale a zero, non dovrei sottrarre o sommare alcun numero e quindi la soluzione sarebbe unica.

Se il delta fosse negativo, dovrei calcolare la radice quadrata di un numero negativo, che non restituisce nessun valore reale.

Proviamo a calcolare anche le soluzioni del secondo esempio:

$$x^2 + 4x + 4 = 0$$

$$x_{1,2} = \frac{-b \pm \sqrt{\Delta}}{2a} = \frac{-4 \pm \sqrt{0}}{2}$$

$$x = \frac{-4 \pm 0}{2} = -2$$

Come ci aspettavamo, abbiamo ottenuto una sola soluzione distinta.

Può capitare, talvolta, che i numeri in gioco siano grandi e che fare i calcoli possa creare confusione.

Può venirci in aiuto una **formula risolutiva ridotta** che può essere utilizzata esclusivamente quando **il**

coefficiente x è pari. Consiste semplicemente nel dividere tutto per due:

$$x_{1,2} = \frac{-\frac{b}{2} \pm \frac{\sqrt{\Delta}}{2}}{a} = \frac{-\frac{b}{2} \pm \sqrt{(\frac{b}{2})^2 - ac}}{a}$$

16.4. Equazioni pure e spurie

Partiamo sempre dalla forma normale di un'equazione di secondo grado:

$$ax^2 + bx + c = 0$$

Si definisce **pura** un'equazione in cui il coefficiente del termine di grado uno è nullo:

$$b = 0$$
$$ax^2 + c = 0$$

In tal caso, individuare le due soluzioni è molto più semplice e possiamo procedere in maniera intuitiva, senza utilizzare la formula del delta.

Infatti, sfruttando le proprietà delle equazioni che abbiamo imparato a conoscere, possiamo scrivere:

$$x^2 = -\frac{c}{a}$$

Da cui si ottiene:

$$x_{1,2} = \pm\sqrt{-\frac{c}{a}}$$

Non dobbiamo mai dimenticare i segni “più” e “meno” perché sono entrambe soluzioni dell’equazione. Infatti, posso elevare al quadrato un numero o il suo opposto ed ottenere sempre lo stesso risultato.

Un’equazione di secondo grado si definisce, invece, **spuria** se il termine noto è nullo, ovvero se:

$$c = 0$$

$$ax^2 + bx = 0$$

Anche in questo caso, possiamo trovare una scappatoia per non usare la formula risolutiva (il che non vuol dire che non dobbiamo ricordarla!).

Infatti, possiamo utilizzare una messa in evidenza totale:

$$x(ax + b) = 0$$

Da cui comprendiamo che le due soluzioni sono:

$$x_1 = 0$$

$$x_2 = -\frac{b}{a}$$

Esercizi

Risolvi le seguenti equazioni di secondo grado.

1) $x^2 + 3x - 4 = 0$

2) $8x^2 + x - 9 = 0$

3) $11x^2 - x + 2 = 0$

4) $x^2 - 3 = 0$

5) $2x^2 - 36 = 0$

6) $\frac{3}{2}x^2 + \frac{1}{4}x - \frac{7}{2} = 0$

7) $3x^2 + 3x - 14 = 2x^2 + 6x - 10$

SOLUZIONI

1) $[\ x_1 = -4,\ x_2 = 1]$; 2) $\left[\ x_1 = -\frac{9}{8},\ x_2 = 1\right]$; 3) $[\emptyset]$; 4) $[x_{1,2} = \pm\sqrt{3}]$;
5) $[x_{1,2} = \pm 3\sqrt{2}]$; 6) $\left[x_1 = -\frac{1}{12} - \frac{\sqrt{337}}{12},\ x_2 = \frac{\sqrt{337}}{12} - \frac{1}{12}\right]$; 7) $[x_1 = -1,\ x_2 = 4]$

I segreti svelati in questo capitolo

Affrontando un'ulteriore complicazione del problema "equazioni", abbiamo imparato:

1. Cos'è un'**equazione di secondo grado**.

2. Cos'è il **delta** di un'equazione di secondo grado.

3. Qual è la **formula risolutiva** per un'equazione di secondo grado.

4. Cosa si intende per equazioni di secondo grado **pure e spurie**.

17. DISEQUAZIONI DI SECONDO GRADO

17.1. Forma di una disequazione di secondo grado

Come abbiamo imparato per le equazioni, anche una disequazione può essere definita di secondo grado se il polinomio che compare nella sua forma normale è un polinomio di grado due.

In **forma normale**, ovvero con tutti i termini da un solo lato della disequazione, le forme di una disequazione di secondo grado sono:

$$ax^2 + bx + c \leq 0$$
$$ax^2 + bx + c \geq 0$$

Nella risoluzione di un'equazione di secondo grado possiamo incorrere in uno dei seguenti casi:

1. disequazione **determinata** (numero finito di soluzioni)

2. disequazione **indeterminata** (infinite soluzioni)

3. disequazione **impossibile** (nessuna soluzione)

17.2. Risolvere una disequazione di secondo grado con metodo algebrico

Prima di procedere con il metodo risolutivo vero e proprio, è necessario controllare che l'equazione si presenti in forma normale. Se così non fosse ricordiamo che possiamo spostare i termini da una parte all'altra cambiando il loro segno. Nel caso in cui a sinistra dovessimo ritrovarci un valore negativo del coefficiente di x^2, ricordiamo che è possibile invertire il verso della disequazione e cambiare i segni a tutti i membri di sinistra.

Fatto ciò, possiamo applicare il **metodo algebrico** per la risoluzione delle disequazioni di secondo grado. Nota bene, esiste anche un altro metodo, noto come metodo parabolico, ma non sarà di nostro interesse in questa trattazione.

Effettuato il passaggio precedente avremo la disequazione in una delle due forme normali:

$$ax^2 + bx + c \leq 0$$
$$ax^2 + bx + c \geq 0$$

dove $a>0$ visto che ci siamo assicurati che il coefficiente di x^2 fosse positivo.

Ricordiamo, invece, che la soluzione di un'equazione di secondo grado è:

$$x_{1,2} = \frac{-b \pm \sqrt{\Delta}}{2a}$$

con Δ pari a:

$$\Delta = b^2 - 4ac$$

Ricordiamo anche che le possibili soluzioni di un'equazione di secondo grado sono:

1. due distinte
2. due coincidenti
3. nessuna

Una volta calcolate le soluzioni x_1 e x_2 dell'equazione di secondo grado corrispondente alla nostra disequazione, possiamo arrivare alle soluzioni della disequazione seguendo lo schema ripor tato di seguito.

Δ	$>$	$\geq$
$\Delta>0$	$x < x_1 \cup x > x_2$	$x \leq x_1 \cup x \geq x_2$
$\Delta<0$	$\forall x \in \mathbb{R}$	$\forall x \in \mathbb{R}$
$\Delta=0$	$x \neq x_1$	$\forall x \in \mathbb{R}$
Δ	$<$	$\leq$
$\Delta>0$	$x_1 < x < x_2$	$x_1 \leq x \leq x_2$
$\Delta<0$	$\nexists\, x \in \mathbb{R}$	$\nexists\, x \in \mathbb{R}$
$\Delta=0$	$\nexists\, x \in \mathbb{R}$	$x = x_1$

Sapendo già risolvere le equazioni di secondo grado, e con l'ausilio di questa tabella, non avrai problemi a risolvere anche le disequazioni.

Facciamo un esempio:

$$2x^2 - 5x + 2 \leq 0$$

La disequazione si presenta già in forma normale, quindi possiamo procedere a rintracciare le soluzioni dell'equazione associata, ovvero di:

$$2x^2 - 5x + 2 = 0$$
$$\Delta = b^2 - 4ac = 25 - 16 = 9$$
$$x_{1,2} = \frac{-b \pm \sqrt{\Delta}}{2a} = \frac{5 \pm 3}{4}$$
$$x_1 = \frac{5-3}{4} = \frac{1}{2};\ x_2 = \frac{5+3}{4} = 2$$

Una volta trovate le due soluzioni dell'equazione associata possiamo sfruttare la tabella precedente.

Nel nostro caso il Δ è positivo e il segno della disequazione è "minore o uguale", quindi rintracciamo in tabella la nostra condizione:

Δ	>	≥
Δ>0	$x < x_1 \cup x > x_2$	$x \leq x_1 \cup x \geq x_2$
Δ<0	$\forall x \in \mathbb{R}$	$\forall x \in \mathbb{R}$
Δ=0	$x \neq x_1$	$\forall x \in \mathbb{R}$
Δ	**<**	**≤**
Δ>0	$x_1 < x < x_2$	$x_1 \leq x \leq x_2$
Δ<0	$\nexists\, x \in \mathbb{R}$	$\nexists\, x \in \mathbb{R}$
Δ=0	$\nexists\, x \in \mathbb{R}$	$x = x_1$

La nostra soluzione, quindi, sarà compresa tra i due valori dell'equazione associata (dove con x_1 intendiamo sempre la soluzione minore):

$$\frac{1}{2} \leq x \leq 2$$

Ricordiamo che anche nelle disequazioni di secondo grado possiamo imbatterci in **disequazioni fratte**.

Non tratteremo questo caso poiché si applica esattamente lo stesso procedimento delle disequazioni di primo grado fratte, con l'ausilio dello studio del segno. In questo caso, però, tra le disequazioni da risolvere nel falso sistema ce ne sarà almeno una di secondo grado.

Negli esercizi troverai un esempio da svolgere in autonomia.

Esercizi

$$1)\ x^2 - 3x + 4 \leq 2x$$

$$2)\ 3x^2 - 5 > 2 + 6x$$

$$3)\ 4x^2 - 7x + 8 < 0$$

$$4)\ x^2 + 2x - 3 \geq 0$$

$$5)\ \frac{3}{2}x^2 + 2x + 4 < 0$$

$$6)\ \frac{x^2 + 4x - 5}{2x - 3} < 0$$

SOLUZIONI

1) $1 \leq x \leq 4$; 2) $x < \frac{1}{3}(3 - \sqrt{30})\ U\ x > \frac{1}{3}(3 + \sqrt{30})$; 3) $\nexists\ x \in R$;
4) $x \leq -3\ U\ x \geq 1$; 5) $\frac{1}{3}(-2 - 2\sqrt{7}) < x < \frac{1}{3}(-2 + 2\sqrt{7})$
6) $x < -5\ U\ 1 < x < \frac{3}{2}$

I segreti svelati in questo capitolo

Ad un breve ripasso abbiamo aggiunto un ulteriore gradino nella nostra scalata al sapere matematico.

In particolare, abbiamo imparato:

1. Quali sono le **forme di una disequazione di secondo grado**.

2. Come si risolvono le equazioni di secondo grado con il **metodo algebrico**.

CONCLUSIONI

Ed eccoci alla fine di questa avventura matematica! Spero che tu ci abbia capito qualcosa ma se così non fosse, non preoccuparti, è normale.

In tal caso, sappi che sarà utile anche una seconda lettura ed eventualmente una terza. Vedrai così che, ripassando le cose, ti sembreranno sempre più facili e comprensibili.

Ma il mio intento principale era cambiare il tuo rapporto con la matematica. Spero, infatti, che tu abbia abbandonato quel timore reverenziale verso la materia e capito che la matematica, in fondo, non è quel mostro pauroso dei tuoi peggiori incubi ma è una materia come un'altra, anzi, più affascinante, in quanto alla base di ogni altra nel ramo scientifico. Possibilmente anche un'amica, da ora in poi.

Nella speranza che tu possa diventare un novello Einstein, ti ringrazio per aver studiato questo mio libro e, ancora e per sempre, buona matematica!

GJB

www.ingramcontent.com/pod-product-compliance
Ingram Content Group UK Ltd.
Pitfield, Milton Keynes, MK11 3LW, UK
UKHW041827200726
13854UKWH00002BA/650